U0929512

FIGHTING SHIPS
FROM THE ANCIENT WORLD TO 1750

世界海洋军事史之一

战舰图文史

第1册

从古代到1750年

[英] 山姆·威利斯（Sam Willis）◎著

朱鸿飞　泯　然◎译　王　鹏◎校译

金城出版社
GOLD WALL PRESS

图书在版编目（CIP）数据

战舰图文史：彩色精装典藏版. 第 1 册，从古代到 1750 年 / (英) 山姆 · 威利斯 (Sam Willis) 著；朱鸿飞，泯然译 . —北京：金城出版社，2016. 8
(世界海洋军事史系列 / 朱策英主编)
书名原文：Fighting Ships: From the Ancient World to 1750
ISBN 978-7-5155-1350-8

Ⅰ. ①战… Ⅱ. ①山… ②朱… ③泯… Ⅲ. ①战舰－军事史－世界－古代－1750 Ⅳ. ① E925. 6

中国版本图书馆 CIP 数据核字（2016）第 110016 号

FIGHTING SHIPS VOL. 1: From the Ancient World to 1750 by Sam Willis, Foreword by N. A. M. Rodger

战舰图文史（第1册）

ZHANJIAN TUWENSHI

作　　者　[英]山姆 · 威利斯（Sam Willis）
译　　者　朱鸿飞　泯　然
责任编辑　朱策英
开　　本　710毫米 × 1000毫米　1/16
印　　张　28
字　　数　472千字
版　　次　2017年1月第1版　2017年1月第1次印刷
印　　刷　小森印刷（北京）有限公司
书　　号　ISBN　978-7-5155-1350-8
定　　价　148.00元

出版发行　**金城出版社**　北京市朝阳区利泽东二路3号　邮编：100102
发 行 部　(010)84254364
编 辑 部　(010)64271423
编辑邮箱　gwpbooks@yahoo.com
总 编 室　(010)64228516
网　　址　http://www.jccb.com.cn
电子邮箱　jinchengchuban@163.com
法律顾问　北京市安理律师事务所　(电话)18911105819

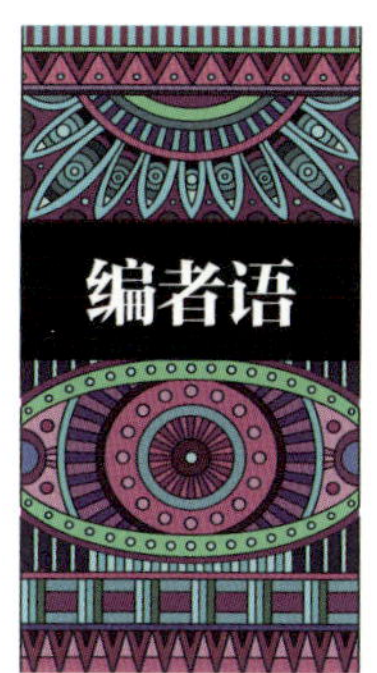

从 19 世纪末期，美国海军历史学泰斗、海军战略理论的奠基者马汉陆续出版了他的海权三部曲，首次提出了“海权论”的概念，并成功发展出一套完整的海权理论。这一理论的诞生，不仅受到英、法、俄等老牌强国的尊崇，更为正蹒跚学步的德国、日本、美国等新兴世界强国指引了明确的发展方向。海权，顾名思义，就是拥有或享有对海洋的控制权和利用权。大海作为人类的起源地，早在古代时期就已成为了利益争夺的战场，与之相伴相生的海权理论其实也早就在全球各片海域不断地被实践和发展。

随着人类的发展，海权已经渐渐成为国家主权的延伸、综合国力的体现。进入被称作是“海洋世纪”的 21 世纪后，确保维护和发展海权的海军战略已成为当今世界各国国家战略和国家安全的重中之重。世界各国优秀的学者也不断研究海权的历史、发展和未来，英国当代著名的历史学家、考古学家和战舰发展史专家山姆 · 威利斯就是其中之一。

山姆 · 威利斯的《战舰图文史》系列，是一套全面介绍战舰发展史和海洋战争史的系列图书。他在书中通过翔实的史料、绘画、照片、模型、地图、图纸、文物等，向读者生动呈现了人类历史中那些发生在海洋上的壮丽篇章——既有冷兵器时代刀光剑影、箭如飞蝗的作战情形，也有热兵器时期枪林弹雨、硝烟蔽日的战争场面；既有危险丛生的探索之旅，也有原始神秘的旖旎风光；既有水手们苦中求乐的悠闲生活，也有将士们一触即发的备战状态。同时，读者还可以了解到，随着每一项科技成果的诞生——小到日晷、水泵，大到舰载飞机、水下潜艇——战舰的外观、内装、武器配备、动力装置，乃至战略、战术都将会发生何等改变。

本套图书最大的特色就是图片的配备。在摄影术发明以前，绘画是人类保存并记录历史细节的重要手段。山姆·威利斯从大量历史资料中选出了最具代表性、最能表现主题的图片呈现于此。这些作品中，有很多是当时知名的艺术家接受皇家、贵族、高阶军官等人委托而绘制，作为家族的荣耀展现于宫廷、官邸和政府机构，可谓私家珍藏，如今得以公开也颇为不易。更难能可贵的是，这些作品或由于艺术手段的加工，或由于画家的知识所限，出现了各种历史谬误，本书作者都一一指出并分析了原因。同时，对一些非常有趣、但又经常被忽略的细节，比如仆人的眼神、宠物的动作、远景的小人物等等，作者也都明确点出，无疑增加了本书的趣味性和可读性。

我社精心挑选的这套图书，在从初期的翻译、审校，到后期的印制等各个环节，始终秉持认真严谨的精神。为使内容尽量忠实呈现原著，本书经朱鸿飞初译，泯然再译，王鹏逐字校译，朱策英多次打磨完善后才最终问世。我们对书中重要事件的历史背景、历史人物以及知名艺术家都补充了说明、链接或注解；在图书版面方面，每节内容一般按先文后图或图文跨页的方式排列，特殊情况会用文字和箭头指出；对于精彩和重要的艺术作品，我们也尽可能用最大的版面去展现细节。我们希望这套图书能带来的不仅是丰富的知识，还包括视觉的饕餮。诚然，受译者与编者的能力所限，书中难免有浅陋和舛误之处，恳请广大读者谅解并斧正。

CONTENTS
目 录

图配文是一种时髦的创新做法，但图文并茂也不全是好事。牛头不对马嘴的图片说明糟蹋了许多原本极有见地的书籍。很明显，这些给图片配文的人既没有写过，也没有读过书中的内容。在严肃的图文书中，能像山姆·威利斯这样将图片、说明、正文有机地结合在一起，依然很少见。本书使用的古代和中世纪战舰图片，除了图片本身表达的信息外，很少佐有其他可用于解说这些图片的资料。在现代图书中出现的这些图片，作者通常会走两个极端：他们要么从表面（可以这么说）把图片画面本身看成准确的描述，要么把图片看成不表达任何有效信息的装饰。实际上，大部分图片包含一些实际信息，但这些信息须放在我们已知的背景下解读。比如，艺术家是何时绘出这些图画的？他们的相关知识和他们想传达的信息如何？

本书中，一些绘制精美的图画表达的主题很到位。古代的埃克塞基亚斯创作的黑彩花瓶绘画是书中最古老、传递信息最多的图片之一，这位天才艺术家描绘了他所熟知的同时代三层桨座战船[1]。柯克船[2]出现在圣雷蒙德的 14 世纪英语手稿上，由当时一位对这些船的外观非常熟悉的画师所绘（尽管他认为没必要保持人物与船的比例关系）。虽然风格迥异，但佛兰芒雕刻师威廉·克鲁西斯描绘的卡瑞克帆船[3]，以及老彼得·勃鲁盖尔的作品《伊卡洛斯的坠落》（*Fall of Icarus*）背景中的类似船舶，都是时人对熟悉事物的准确表达。后世的海景画家，如弗罗姆，描绘的现实场景不仅包括战船，还包括战斗和战术。老威廉·范德维尔德也许是第一位海战艺术家，他为我们描绘了斯海弗宁恩海战的开战场面。他亲眼见证了这场战役，本人就在画面一角。

另一些同样才华横溢的艺术家把他们自身所处时代的战船加进了更早的历史场景中。中世纪和早期现代艺术家对时代变迁的感受不深，这种情况尤其普遍。就像他们笔下的《圣经》人物穿着现代服装一样，他们描绘的战船也是如此。15 世纪 70 年代，卢瓦塞·利耶德为傅华萨描述斯鲁伊斯海战的手稿绘制了插图，上面显示的是他所处时期的原始卡瑞克战船，而不是战争中实际使用的柯克战船。丁托列托是一位天才艺术家，他对第四次十字军东征（Fourth Crusade）时期的战船知之甚少，所以他笔下描绘的只有其所处时代的加莱战船[4]。15 世纪末，一位不知名的艺术家为《沃里克手卷》绘制了插图，他描绘的船只并非 60 年前沃里克在战斗中指挥过的战船，而是艺术家本人非常熟悉的船型。很有可能，他描绘的大型四桅卡瑞克战船是亨利七世最大的两艘战舰——“摄政王”号（*Regent*）或“君主”号（*Sovereign*）中的一艘。范·厄特沃特版哥伦布的“圣玛丽亚”号（*Santa Maria*，实际上，我们对这条船的了解少得可怜）则是一艘 17 世纪的荷兰船。

所有这些画家至少都知道他们那个时代的战船外观，但我们并不能据此便认为每个艺术家都是船舷边的常客。马修·帕里斯是当时一位学识丰富的编年史家，他在记录准确性方面不遗余力，但他不熟悉船舶。因此，他对桑威奇海战的描绘是其史书中最不可靠的部分。扬·科内利斯·佛梅因描绘了 1535 年对突尼斯的袭击，那是一个身临其境的艺术家的作品。但 50 年后，埃斯科里亚尔宫[5]战争厅的壁画描绘了亚速尔群岛[6]海战和两栖战斗的场面，是由一位熟悉加莱战船，却从没见过大西洋船舶的意大利画师绘制的。他对大型帆船的所有知识都来自老彼得·勃鲁盖尔的版画。安东尼·安东尼绘制的“伟大哈里”号[7]或佚名作者创作的《亨利八世在多佛登船》(*Embarkation of Henry VIII at Dover*),细节虽精准,但比例却严重失调。维多利亚时期的历史画家马耶尔和钱伯斯[8]是天才艺术家,但他们在表现几百年前中世纪的历史事件时,依据的是一些旧的图像资料,而这些图像与真实的船舰外观本就相去甚远。

这些图像不能从表面解读,但这并不意味着它们没有历史价值。11世纪西塞罗手稿中的船舶,粗看稀奇古怪,实际包含了当时船舶的一些元素(铆钉叠接的船板),加上一些来自古典作者的成分(撞角),再加一些《圣经》中的内容(甲板上的房子,借鉴自诺亚方舟)。许多图片揭示出它们传达的是何种信息,以何种方式展示出来,这些信息适合哪些人。马修·贝克的设计草图,为伊丽莎白一世时期建造船舶提供了设计技术方面的宝贵信息。这些设计图后来被塞缪尔·佩皮斯收录在《古代造船术断章》一书中。它们向一个读者有限的小圈子传达了极其专业(并且通常高度机密)的信息,是技术图纸的雏形。两个世纪后,托马斯·斯莱德爵士(Sir Thomas Slade)的图纸如出一辙,只是情况更为复杂。与此相比,马赛皇室加莱战船的绘制目的,则是向公众展示皇室权力。因为在法国,虽然加莱战船在军事上的重要性已经式微,但它仍然象征着至高无上的皇家权威。这就是为什么画面中年轻的图卢兹伯爵正指着一艘加莱战船的原因。值得注意的是,在同时期绘制的法国舰队旗舰“皇家太阳”号(*Soleil Royal*)的作品中,甚至没有展示出它的武器,只显示出船首尾的镀金雕刻。金碧辉煌是权力的形象,艺术家的任务就是去极力表现它。那不勒斯码头的日常景色,是描写日常生活的海景画流派画家的题材,这种画作在当时只有荷兰画家才会觉得它值得一提。

因此,所有这些图片都不能简单地看成对真相的直接描述,即使是三层桨座战船“奥林匹娅丝”号(*Olympias*)或维京长船[9]“海上种马”号

（*Sea Stallion of Glenadalough*）等重建战船的现代照片也做不到。但所有这些图片传达了其他方式无法描述的事实，为我们了解历史战舰打开了一扇时空之窗。

尼古拉斯·罗杰（N. A. M. Rodger）
英国海军史学家
牛津大学高级研究员
英国社会科学院院士[10]
英国皇家历史学会会士

小贴士

1　三层桨座战船（trireme 或 trieres），古代地中海文明，尤其是腓尼基人、古希腊人和罗马人所用的战船。战船每边有3排桨，1个人控制1支船桨。由于三层桨座战船尺寸巨大，速度快而且机动性好，在公元前7至4世纪，成为地中海地区的主力船型。

2　柯克船（cog），一种中世纪船型，最初出现于10世纪，单桅、方帆，有尾舵，平底、船身短宽（长约15—25米，宽约5—8米），首、尾圆形。

3　卡瑞克帆船（carrack），又译作卡拉克帆船、克拉克帆船，是一种15世纪盛行于地中海的三桅或四桅大型帆船。这种船有一个高高的弧形船尾，高大的艉楼、艏楼，和巨大的船首斜桁。其前桅及中桅装配数张横帆，后桅则装配一张三角帆。

4　加莱战船（galley），为桨帆两用船，主要由桨推动，同时以桅杆及帆为次要推动力量，通常使用在战争与贸易中。直到17世纪被帆船代替前，加莱船在地中海海战中一直占有重要的地位，其设计也经过了一系列变化。

5　埃斯科里亚尔宫（Escorial Palace），位于西班牙中部马德里附近，埃斯科里亚尔建筑群包括寺院和宫殿，由腓力二世（Philip II）在16世纪晚期兴建。

6　亚速尔群岛（Azores），北大西洋中东部的火山群岛，位于葡萄牙以西，隶属葡萄牙但享有部分自治，首府为蓬塔德尔加达港（Ponta Delgada）。

7　“伟大哈里”号（*Great Harry*），即“亨利”号（*Henry Grace à Dieu*，原文写作*Harry Grace à Dieu*），是英国国王亨利八世命令建造的一艘卡瑞克战船。

8　马耶尔，原文写作Mayers，疑为Mayer，即后文中的艺术家奥古斯特·艾蒂安·弗朗索瓦·马耶尔（Auguste Étienne François Mayer）。钱伯斯，原文写作Chamber，疑为Chambers，即后文中的艺术家老乔治·钱伯斯（George Chambers, Senior）。他们都是维多利亚时代的艺术家。

9　维京长船（longship），是一种狭长快速的船，靠桨和帆推动，主要由斯堪的纳维亚和冰岛的维京人（Viking）使用，分为战船和货船两类。维京战船吃水浅，速度快，转向灵活，十分适合远征异地时突袭式的掠夺活动，因而成为北欧海盗的主力船型。

10　FBA（Fellow of British Academy），英国社会科学院院士。该院创立于1902年，是英国国家级人文和社会科学研究机构，目前有900余位院士，涵盖了人文和社科各专业的顶级专家和学者，亦译作英国人文社会科学院。

前言

年代越久远，我们所知就越少；知道得越少，我们就只能更多地去猜测；猜测越来越多，知识就会逐渐失去意义。因此，从已知最早的战例中去探究海战真相就显得特别困难。虽然有关古代航海活动的文物和图像得以留存至今，令人叹为观止，但只有其中的一部分与战船有关，能反映海战的更是凤毛麟角。我们所掌握的知识，犹如乌云遮蔽的天空中的点点微光。与其他时代相比，对公元 1650 年之前发生的海上争战，我们已知和未知的比率——或者更现实地说，我们自认为已知和未知的比率——简直小得令人沮丧。但另一方面，这也意味着任何一项新发现都会引起极大的关注，令人兴奋不已。总之，研究古代战舰回报丰厚，但也会遇到巨大挫折。

本书内容涵盖了 3000 多年海洋战争的历史。从公元前 1190 年左右的早期描述中，我们很容易看出，战船在战争中发挥的不仅仅是武器装备的强大作用，其在武力震慑、军事意志和侵略性等方面所表现出来的象征意义同样不容忽视。这种象征作用在战舰发展史的不同阶段，都被发挥得登峰造极。在英国，最著名的要数亨利五世和亨利八世的巨型卡瑞克战船，以及詹姆斯一世、克伦威尔、查理一世和查理二世的庞大战舰。在法国，路易十四的巨大三层甲板战舰和镀金加莱舰队象征着至高无上的威严。这些战舰在地中海耀武扬威，划动它们的，是成千上万锁在长凳上的奴隶。17 世纪，威尼斯海军总督弗朗切斯科·莫罗西尼甚至将真人大小、戴着脚镣手铐的土耳其俘虏雕像固定在旗舰船头两侧。令人扼腕的是，相比 16 和 17 世纪的战舰而言，古代战船遗迹的存世数量极其稀少。但我们依然可以肯定地说，腓尼基[1]、希腊、迦太基[2]和罗马打造加莱战船的意义，不仅仅在于将其视为战争利器，更是对权力的一种宣示。

同时，随着时代变迁，战舰相关的社会意义也在发生变化。其中最重要的问题就是控制权——什么人在操作着战舰去实现他们自己的野心？这个问题与战争中使用的船舶类型有着错综复杂的联系。在古典时代（以地中海为中心，包括古希腊和古罗马等一系列文明——译注），战舰主要是加莱船，其中最大的有三层船桨。建造和使用哪怕一艘加莱战船也是一项重大投资，尤为重要的是，这是一项战争投资。除了桨手、高级船员和仅够有限航程的食物及水之外，船上再也没有其他空间。虽然私人投资者有可能经营一两艘小型加莱战船，只有大的希腊城邦，或者罗马和迦太基这样的帝国，才有实力充分调动资源，打造并维持一支大型航海舰队。简言之，在古典时代，国家垄断了海上暴力。一直到黑暗时代[3]，这种情况才有了戏剧性的改变。尤其是在北欧水域，那里的战舰专业化程度要低得多。确实，斯堪的纳维亚人[4]也拥有专业的战舰，称为“长船”，但与巨大的加莱战船有着天壤之别。长船主要用于运送军队，而加莱战船装有撞角，其设计建造的目的就是攻击像它一样的战舰。

斯堪的纳维亚人用舰船运送军队、进行两栖作战的传统，一直延续到 16 世纪，是北欧海战史的主要特征。早期的维京舰船细长低矮，船体为开放式，没有船舱，后来逐渐发展成多层甲板的大型帆船。但在火炮作为舰载武器得到广泛应用前，战舰本质上仍以运兵为主，而且海战和陆战时一样，维京战士使用矛、弓、弩等传统武器与敌人近身肉搏。即使在火炮应用初期，炮身很小，也很容易携带出海，情况亦是如此。所以，中世纪时期的战舰，并不像古代地中海的舰船那样专业化；任何一个人，如果有能力成立一支商船队，再配备必要的人员，他就可以组建一支海军。因此，中世纪时期，大到国家，小到地方首领，甚至连富有的商人都参与到海战中，五花八门的参与者成为中世纪海战的特色。

直到16世纪40年代，这种情况才有了切实改变，海上暴力的垄断权再次回到国家手中。更多更大的火炮被搬上战舰，安置在船体侧下方的炮门之后，操作非常便利，在战争中也逐渐变得不可或缺。与此同时，战舰尺寸有了惊人增长。它们现在有三根桅杆，需要更多船员驾驶，更多人手操作数量众多的火炮，还需要船厂建造和保养这些船只。因此，没有富可敌国的财力和物力资源，任何人想组织和维持一支海军都是不可能的。像古代一样，战舰的命运再次不可避免地与帝国的崛起和衰落联系起来。但这并不是说，国家统治下的海军就一定比相对规模较小的中世纪海军效率更高；在许多情况下，情况似乎恰恰相反。

运营和管理更为复杂的新式海军，要求管理者必须具备超强的能力和非凡的智慧。他们中的佼佼者有塞缪尔·佩皮斯，他在查理二世王政复辟后为国王创建了一支海军；还有让-巴蒂斯特·柯尔贝尔，他在17世纪末叶白手起家，几乎仅凭一人之力，为挑剔的法国路易十四打造了一支庞大的舰队。他们都是成功者。然而，自16世纪以后，虽然一些国家成功地维持了一支海军，但失败国家的例子更多。每诞生一位像亨利八世那样关注海军、以海军为傲的国王，总会伴随着一位像亨利六世、亨利七世或詹姆斯一世一样的国王，任海军自生自灭。实际上，本书一个极其有趣的主题就是发生在某些国家的一些矛盾故事。如中国元朝和罗马，它们的历史完全建立在陆上霸权的基础上，但却兴冲冲地走向海洋，意图以此实现帝国野心。而有时候，一些传统海洋国家却没有能力，或者干脆不愿意承认一支海军对其利益的重要性，英国就是一个最明显的例子。

本书内容的时间跨度很大，尤其是对年代更悠久的古代亦加以探索，这也注定了书中图片必然丰富多彩。要理解古代、黑暗时代和中世纪船舶，你得学会关注一些奇怪的地方——美术馆展墙几乎帮不上什么忙。能提供更多信息的是钱币、印章、教堂大门和长凳；庙宇、岩石、墓地和陵墓；珠宝、挂毯、马赛克地板、墙壁和瓷器，甚至花瓶口内缘——它的优美曲线和狭窄尺寸是描绘古代加莱战船的极好载体。最后，当然，你需要研究书籍，因为中世纪的配图手稿是所有历史宝藏中最优秀的部分，而且绘图的僧人也热衷于描绘船舶。这样的绘图数量并不多，而且大部分都已经编入众所周知的海军教科书中。但这些绘图几乎无一例外地被用作文字的辅助说明或装饰，从来没有在原始文件的完整背景下去展现过，也脱离了最初与它们紧密相关的纷繁多彩的文字。而本书将史无前例的修正这一做法。书中不仅还原了这些图片令人眼花缭乱的色彩，甚至与其相关的原始文件也被高品质、高清晰地呈现出来，使我们可以欣赏到早期执政者的笔迹；成组的图表、挂毯，甚至连装饰扑克牌都得以按它们本来的样子展现出来。综上所述，这样的图书，让我们更接近原始证据，从而也更接近历史真相。总之，本书真正出彩之处就在于它涵盖的图片和主题丰富多彩，包括了从法老到皇帝，从苏丹到总督，从国王到女王——所有那些体会到建造、维持和管理战舰的兴衰得失的人。

山姆·威利斯

1 腓尼基（Phoenicia），地中海东岸古国，相当于现今黎巴嫩和叙利亚沿海平原地带，由提尔和西顿等若干城邦组成，从未形成统一的国家。腓尼基人擅长航海和贸易，在公元前10世纪前后，成为繁荣的地中海贸易和殖民中心。

2 迦太基（Carthage），也被称为“布匿”（Punici），非洲北部的古国，位于今突尼斯附近，约公元前814年为腓尼基人所建，并成为西地中海的强国。公元前3世纪开始与罗马争夺地中海西部的霸权，并导致三次布匿战争。公元前146年，战败，沦为罗马属地。

3 黑暗时代（Dark Ages），欧洲中世纪（Middle Ages）是一个统称，意指古典（希腊、罗马）文化期与古典文化复兴期之间的时代，约公元4或5世纪到15世纪。一般将中世纪早期称作“黑暗时代”。

4 斯堪的纳维亚人（Viking），即维京人，公元8至11世纪的北欧海盗。

第一章
古代及黑暗时代

（公元前 1190 年—公元 1066 年）

Antiquity and the Dark Ages

设想一下：从17世纪后期开始，直到第二次世界大战，约有30万本英国皇家海军航行日志簿完好地保存下来，从中可以获悉每条船何时在何地做什么；数百万封船长写给英国海军部的书信，解释了这些船处在当时位置的原因背景；成千上万船舶图纸则使我们了解到这些船的外观和建造方式。这个清单可以一直列下去。再想象一下腓尼基人。从公元前1500年左右开始，约1200年时间内，他们发展起来的文明传遍地中海，甚至更远。海上贸易将这个地域连接起来。为保护贸易，腓尼基人造出了战船。这些就是我们所知的。但多少腓尼基战船保存至今？答案是：没有一艘。再想想希腊人。《伊利亚特》[1]和《奥德赛》[2]中提到的生活在公元前1600年左右的迈锡尼人[3]，亚历山大大帝[4]治下的马其顿人[5]，伟大的城邦雅典[6]和斯巴达[7]，以及辉煌的古希腊文化中心罗得岛[8]和亚历山大[9]，历史上都拥有舰队，有的甚至达到数百艘战舰。但有多少保存下来呢？又一次，答案还是没有。这个问题可以再次用在罗马人身上，并得出同样令人沮丧的答案。确实，纵观整个地中海古代时期，只有一艘战船残骸保存下来，这就是1969年在西西里岛马尔萨拉发现的一艘迦太基（古迦太基）战船。说是“船”，其实并不是一条完整保存的船，而只是它的残骸：40英尺长的龙骨，半边船身的三分之一，以及艉柱的一部分。残骸的中间还有一大堆压舱石。

这个发现点燃了巨大热情，历史学家和考古学家闻风而至。他们是真正的魔术师，从历史和科学的角度，再结合创造性的思维，在沉船残骸中探寻每一处蛛丝马迹。如今，我们知道了这艘沉船的准确尺寸和形状，也知道它或许受到了撞击，船尾先沉入水中；船员的食物有鹿、山羊、马、牛、猪、绵羊、橄榄、坚果和水果，并且船上还有相当数量的啤酒花或大麻。有人认为，如果这些确为大麻，那么则是在长途航行时给桨手咀嚼提神用的。船两舷各配备17支桨，每支桨由两人划动。相邻的木料都被做上记号，是为了便于组装建造。这是一项重大发现，是整个地中海唯一一艘来自公元前上千年的战船。但这个发现也经历了一些曲折，发现之后，它一直没有受到妥善的管理，也没有得到足够的保护资金；1992年，西西里自治区政府曾动议为它拨款，但3年之后被取消。

来自船舶本身信息的情况大抵如此，另外一个信息的最佳来源——图像（形象），略微好一些。当然从数量上而言，图像的形式很多，包括三维黏土模型、壁画、瓶饰画、雕刻、雕像，甚至钱币和珠宝上的绘画和雕饰。但如果考虑到它们所覆盖的时间跨度和地域范围，便可发现它们承载着丰厚的底蕴。其中一些保存在世界上最好的博物馆，受到专业管理人员的精心照料，而另一些则早已消失不见，从它们原来所处的地方被人掠走，又被售卖或收藏起来。那些位于今伊拉克底格里斯河[10]沿岸的文明遗迹尤为不幸，近些年海湾战争所引发的混乱对它们造成了巨大的破坏。博物馆被洗劫一空，墙面雕饰着图案的千年古城遗迹被夷为平地。因此，本书选入的古代船舶图像尤其值得关注，因为这些是格外珍贵的发现，如果不幸失去了它们，我们极有可能再也找不到类似的图像。

正如随后图片所显示的，被罗马占领后，北欧国家开始发展自己的战船，制造出与地中海截然不同的战船，我们也得以看到那些精心发掘、妥善保管并公开展示的宝贵发现。丹麦人尤其珍视他们作为航海者和海上战士的遗产，在保存黑暗时代的历史船舶方面领先世界。然而，不管是在北欧还是在其他地方，考古纪录依然留下大段空白。从实物证据中，我们对北欧商船、渔船和皇家游艇的了解要远远多于对战船的了解。对于恺撒[11]征服高卢[12]时遇到的部落战船，同维京海盗交战的早期英格兰海军战船，1066年威廉入侵英格兰时使用的战船，以及法兰克[13]和拜占庭[14]海军的船舶，我们知之甚少，有的甚至一无所知。在可能发现这些战船的任何遗迹之前，我们唯有依赖仅存的数量不多、互相矛盾并且通常不准确的文字或图画去分析判断。这个挑战是独特的，但是，那些愿意接受这一挑战的人依然有机会照亮上千年的黑暗。

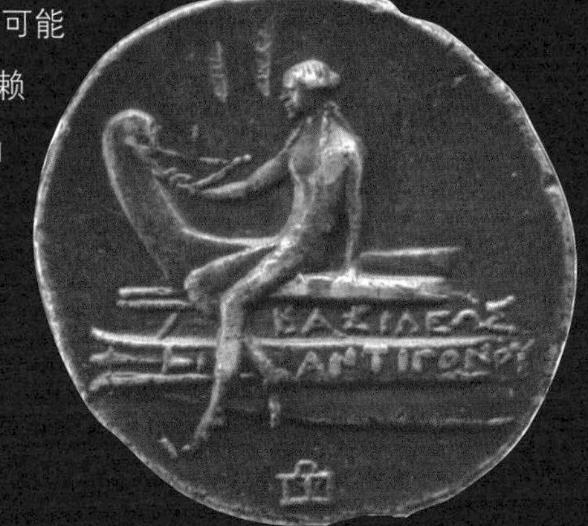

拉美西斯三世在海战中获胜（公元前 1176 年）

Naval Victory of Ramses III

底比斯神庙外墙

这是世界上最早的海战图，保存在底比斯[15]哈布城的埃及神庙外墙上。它展现的是公元前 1176 年，埃及法老拉美西斯三世战胜"海上民族"（也许是来自撒丁岛的侵略者）的战争场面，夸张地描述了拉美西斯重击敌人的情形。雕刻的图画有点现代漫画的风格，但也提供了一些有关此役和参战船只的重要事实。

画面中共有 5 艘敌船，每艘都有独特的鸟头船首，看不到船桨，其中 1 艘已经翻了。敌人都戴着羽毛头饰或角状头盔。另外 4 艘配有帆和桨的是埃及战船。画面最左边的 3 艘似乎想把敌船驱赶到岸边，而在岸上站着巨人般的拉美西斯，弓箭手在他前面一字排开。画面左上部的两艘埃及战船似乎有狮头船首，一些埃及水手正在向敌船抛掷锚钩。这些埃及战船每舷配备 10 到 11 名桨手。船的四周到处漂浮着尸体。雕刻这幅图画的埃及艺术家还写了下述铭文，与之相比，用今天的语言去描述这一场景显得那么苍白无力：

现在，北方岛国的敌人们被吓得瑟瑟发抖。他们窜入河口（尼罗河三角洲）水道，气息奄奄，挣扎求生。法老陛下的参战，犹如带来了一阵龙卷风。敌人在战场惊恐万分，手足无措，心中充满了对法老的畏惧；他们人仰船翻、魂飞魄散，海面上到处都散落着丢弃的武器。陛下箭无虚发，只有那些淹死的人才能够躲过……

埃及人大获全胜。铭文写道：尸体被“拖拽到沙滩上，围在一起，堆成了几堆”。图画下方还描绘了那些被生擒的战俘，这些阶下囚都被带走，其中一些人还戴上了脚镣。

人物档案

拉美西斯三世
（Ramses III）

古埃及第二十王朝第二位法老，执政时期为约公元前1198—约前1167年。在位期间，他改编军队，使用外族雇佣兵，击败了利比亚人入侵。当时埃及还面临着来自海上民族（Sea People）的威胁，他们用强大的海上舰队来配合陆上入侵。拉美西斯三世先是在陆上集结力量击败了敌人，又在尼罗河三角洲布置好战船和弓箭手，英勇地击溃了海上民族。虽然最终取胜，但连年的战争消耗了巨额财富，埃及在亚洲的势力开始衰退。拉美西斯三世最终死于其王后策划的宫廷谋杀。

辛那赫里布西南王宫宫墙石雕装饰碎片

Fragment of a Stone Panel from the South-West Palace of Sennacherib

新亚述时期（公元前705—前681年）

公元前1000年左右，青铜器时代[16]地中海海上活动的辉煌迅速衰败下来，在近300年的时间里，几乎没有像以前那样的航海活动。但到了公元前750年，希腊和腓尼基城邦势力再度复兴。这幅图也许是现存最好的腓尼基战船形象，它来自辛那赫里布王宫宫墙；王宫位于尼尼微——那座早已消失的伟大的亚述古城之中。

尼尼微坐落在底格里斯河岸，今伊拉克摩苏尔市（Mosul）附近。它的伟大虽然短暂却意义非凡，它的荣誉、骄傲和衰败甚至被记录在《圣经》中。它的王宫在当时无与伦比，有超过80个房间，均摆放着雕塑。尼尼微城有10万居民，18条大运河运来居民所需食物。城中亚述巴尼拔图书馆[17]收藏有2.2万块楔形文字泥板文书。公元前612年，尼尼微被攻陷，城市基本被毁，城址也逐渐湮没。直到1847年，也就是2459年之后，英国探险家奥斯汀·亨利·莱亚德爵士（Sir Austen Henry Layard）才找到了尼尼微废墟，有许多辛那赫里布王宫的建筑饰带依然保存完好。

这块石雕碎片便是其中之一。它表现的是一艘双层桨战船（bireme），

人物档案

辛那赫里布
（Sennacherib，？—约前681年）

萨尔贡二世之子，亚述国王，公元前705—前681年在位。他继位后把古城尼尼微定为首都，并进行了大规模的扩建。他是亚述历史上最著名的国王之一，在位期间，他征服巴比伦，并将雄伟壮观的巴比伦城夷为平地；又发动多次远征，不断扩大和巩固帝国的版图。

这种船配有两层错列的桨。8名桨手只露出上半身的一部分。它最显著的特征是醒目的船首撞角和离谱的高度。对撞角的形象在早期描绘中并不多见，而且没有一个如此清晰的。这幅雕刻中，船头部分用两条竖线表示拴系着什么东西，这说明撞角包裹有护甲，也许是青铜制成。船的高度令人费解：桨手上方是一排近似方形的图案，或为空白，或为网格状，交替排列；再往上是一排盾，挂在舷墙边，高度到达另一排人的腰部，这些人可能是士兵或平民。

这块石片意义重大，它给我们提供了许多有关腓尼基战船和伊拉克文化遗产的信息。它虽然残缺不全，船的形象也不完整，但我们知道，它只是整个饰带中的一小部分，而这条饰带应该描绘了很多各种各样的战船。可惜这条饰带的其他

背景链接

亚述（Assyria），古代西亚国家，位于今伊拉克北部，从公元前第二个千年早期开始就一直是历代王朝的中心，公元前8世纪至前7世纪晚期为巅峰时期，其领土从波斯湾延伸至埃及。公元前612年，伊朗高原强国米堤亚和新崛起的新巴比伦联军攻陷亚述首都尼尼微，亚述帝国随之衰落并最终覆灭。新亚述时期（Neo-Assyrian）指亚述帝国，是亚述第三次复兴后建立起来的庞大帝国，也是当时世界上最强大的国家之一。亚述文化深受苏美尔、巴比伦文化的影响，但在改良军事技术方面有相当成就。尼尼微（Nineveh），坐落于底格里斯河东岸，是古代亚述国最古老的城市。公元前612年，被米堤亚和新巴比伦王国联军攻陷尼尼微，随着亚述帝国的覆灭，尼尼微逐渐没落。

部分已经遗失。自尼尼微遗址被发现以来，这里的盗窃就没有停止过，第一次海湾战争则标志着这种行径发展到了一个新阶段。在战争爆发的头几天，摩苏尔博物馆的藏品便全部不翼而飞。尼尼微遗址失窃案被形容为最严重的世界遗产灾难。这一块石片因存放在大英博物馆而幸免于难，还有一些类似的尼尼微文物则收藏在纽约的大都会艺术博物馆。

黑彩花瓶口描绘的希腊战船

Black-Figured Painting of Greek Warships on a Vase Rim

绘制：埃克塞基亚斯（约公元前 525 年）

正是由于科林斯和雅典的艺术中心开始生产精美的陶器，才使我们对腓尼基之后 200 年的古战船的了解又有了巨大的飞跃。这些陶器上装饰着令人称作"黑彩"的图画，战船本身则成为画作的主题，而且战船的优美线条非常适合用于瓶口边缘的装饰。这类作品的一个显著的特色是它们描绘了种类繁多的战船，保存至今的数量也很多，成为古代海军题材画作最丰富的宝库。本节所展示的即是其中的佼佼者之一，它显示了绘制在花瓶口内侧的两艘战船。这幅画之所以令人瞩目，是因为我们知道它的作者。毫无疑问这是埃克塞基亚斯的作品，他独

人物档案

埃克塞基亚斯（Exekias）

古希腊最优秀的黑绘陶瓶画师，约活动于公元前 6 世纪前后。他的绘画风格兼采众家之长，又很有自己的特点，注重画面中情景的烘托以及人物情感和心理的表现。他的名作《船上的狄俄尼索斯》、《阿喀琉斯与埃阿斯掷骰对博》等，在欧美各大博物馆中多有收藏。

树一帜的风格使人一眼就能辨认出来。我们有幸知道他的大名，是因为他的创作极为丰富，并且大多数都有他的签名，但除此之外，我们对他一无所知。这些战船描绘得非常精美、准确，每一个细节都被大师观察并记录了下来。它们狭长、低矮，线条优美，带有装饰华丽的撞角。值得注意的是，这条船的撞角是兽首状。这些双层桨战船各有 100 支桨，但只有上舷门的桨在划动。一些桨洞是环形的，其余的则是半环形。希腊海军没有这样的战船，据分析，它们有可能是外国战舰。这块花瓶残片目前陈列于罗马的朱利亚别墅博物馆。

背景链接

科林斯（Corinth），位于伯罗奔尼撒半岛东北部，是古希腊著名的城邦。其经济主要来源于贸易和交通，财富堪比雅典和底比斯。直到公元前 6 世纪中叶，科林斯一直是黑彩陶器的主要出口地，产品销往全希腊各地。在它之后，雅典的陶器才占据了市场。科林斯曾参加斯巴达领导的伯罗奔尼撒同盟，对抗雅典。公元前 146 年，古罗马摧毁科林斯，恺撒于公元前 44 年又在这里重新建城。在罗马时代，它是一座以奢侈和昂贵的生活而著称的繁华的商业城市。

黑彩基里克斯陶杯[18] 上海盗追赶一艘商船的场面

Black-Figured Kylix, with Scenes of a Merchant Vessel Being Attacked by Pirates

雅典，阿提卡时期（公元前 520—前 500 年）

另一件珍品也来自这个无与伦比的古典海洋艺术时期，同样保存在大英博物馆。它不是花瓶，而是一只基里克斯陶杯。这只酒杯两面都装饰有加莱型海盗船袭击商船的画面。绘画的价值在于同时描绘了商船和战船。相比行动缓慢、反应迟钝、澡盆一般的商船，古希腊的艺术家们更青睐于去描绘战船，表现它们修长平滑的线条，以及散发出的危险、紧张的气息。结果，描绘古代商船的图画非常少见，我们看到的这幅即是目前为止已发现的为数不多的作品之一。

这只酒杯的意义还在于，它所展现的战船是一艘如假包换的加莱型海盗船。古代海盗有一个很大的难题：要想袭击目标，他们得追上它，但长

距离划桨追逐会耗尽船员的力气，所以他们选择桨帆并用；可是当两船靠近时，他们又必须收起帆、登上商船，而且不能让商船逃脱。解决方案就是此处描绘的“黑米奥拉”（hemiola）。这是一种快速的双层桨加莱战船，它的设计使得桅杆后的上层桨手可以收起帆，放在他们划桨时所坐的地方（见第二幅图），从而可以腾出手来准备登舷，剩下的桨手则控制着加莱战船速度，保持与敌船同步行进。这就是这只杯子所描述的场面。在第一幅图中，商船并没有意识到满帆迅速迫近的海盗船，正边收帆边优哉游哉地航行。意识到危险后，商船立即放下帆索、张起帆，但此时海盗船已经进入攻击范围，收起帆，准备登船。

萨莫色雷斯岛[19]的胜利女神像

Winged Victory of Samothrace

雕刻：皮托克利托斯（约公元前 220—前 185 年）

埃克塞基亚斯并不是唯一一位描绘战船并有作品存世的天才古典艺术家。罗得岛的皮托克利托斯（Pythokritos）也是古希腊最著名的雕塑家之一，与米开朗基罗齐名。

这尊精美的大理石雕像名为“萨莫色雷斯岛的胜利女神”，是皮托克利托斯最著名的作品，保存在巴黎卢浮宫（Musée du Louvre）。虽然初看不那么明显，但它其实包含了重要的航海元素。这尊雕像可能是为了纪念罗得岛人打败叙利亚安条克三世的一场海战而建。据考古发现显示，它原本立在一艘旗舰基座上，而雕刻的手法也揭示出它在随船航行。一旦理解了这座雕像的实物背景，我们便明白了：胜利女神正在乘风破浪地前进，她的衣服被剧烈的海风吹得紧贴身体，这座雕像也显得动感十足、性感迷人。

背景链接

安条克三世（Antiochos III，或 Antiochus III，约前 242—前 187），塞琉西帝国国王，公元前 223—前 187 年在位，是塞琉西最优秀的君主之一，通称“安条克大帝”（Antiochus the Great）。安条克三世即位后，先后夺取了托勒密王国在小亚细亚沿岸和其他独立的希腊城邦，使得塞琉西帝国与罗马关系日趋紧张。公元前 192 年，战争爆发。塞琉西军队先是在陆战失利，随后，罗马和罗得岛以及其他盟国的联合舰队在一连串海战中击败塞琉西舰队，使得后者的海军遭到彻底摧毁。

罗得岛林佐斯加莱战船船尾浮雕

Relief Showing Stern of a Rhodian War Galley, Lindos, Island of Rhodes

雕刻：皮托克利托斯（约公元前 200 年）

这座优美的浮雕位于罗得岛东海岸的林佐斯卫城（Acropolis of Lindos）脚下，它原是一尊巨型人像的底座，按实际大小表现了一艘罗德岛战船的船尾。船尾独特的涡形图饰，揭示出它是皮托克利托斯的作品，也符合希腊的特征，因为我们知道：腓尼基加莱战船更喜欢在船尾使用马头图案。现代研究表明，船尾甲板下有一间舱室，可能由该船的指挥官使用。经过仔细甄别，已确认该船是一艘“三层桨黑米奥拉”（*trihemiolia*），与袭击商船的“黑米奥拉”设计相同，但多了层排桨手。

阿斯利特撞角（约公元前 200 年）

The Athlit Ram

我们对古代战船的了解几乎都来自图像，如伟大的雅典花瓶画师的作品，或当时钱币上的图案，来自战船本身的实物则非常少。而这个发现于以色列海法（Haifa）阿斯利特附近的青铜撞角，是目前为止最好的实物证据。它属于一艘大型战船，虽然不知它何时从船上脱离，但青铜嵌套内的所有木头却都保存了下来。考古学家证明，这些木头是由杉木、榆木和松木混合而成，通过榫卯构件连接并固定在船体。撞角的形状证实了那些存世的图像证据，而且，海洋考古学家通过保存下来的木料了解到古代战船构造的信息，这一次比他们以往从古代作者或艺术家那里得到的收获都要大。撞角上的装饰表明，这艘战船建造于托勒密五世（King Ptolemy V）及其子托勒密六世的统治时期，大约公元前 204 年至前 164 年之间。撞角前端设计得比较钝，是为了撞坏而不是刺穿敌舰船体，从而避免了被卡住的危险。撞角长 7 英尺 5 英寸，由 1025 磅青铜铸成，是青铜铸造工艺的杰作。令人称奇的是，撞角本身是不对称的，但却像手套一样与船首木材装配得严丝合缝。考古学家据此认为，这只撞角是为它所装配的战船特别铸造的。现在，这只撞角作为常设展品，陈列在以色列海法的国家海事博物馆（National Maritime Museum）。

安提柯三世[20]的四德拉克马银币[21]（公元前 229—前 221 年）

Silver Tetradrachm of Antigonos Doson

古代战船外观的钱币证据尤为丰富，因为许多希腊城邦，尤其是亚历山大大帝的继任者们，喜欢用钱币展示他们的海战胜利。这枚安提柯三世的四德拉克马银币，显示了坐在船头的宙斯之子、希腊之神阿波罗。随着阿斯利特撞角的发现，这些钱币图案中的撞角样式也得到了证实。

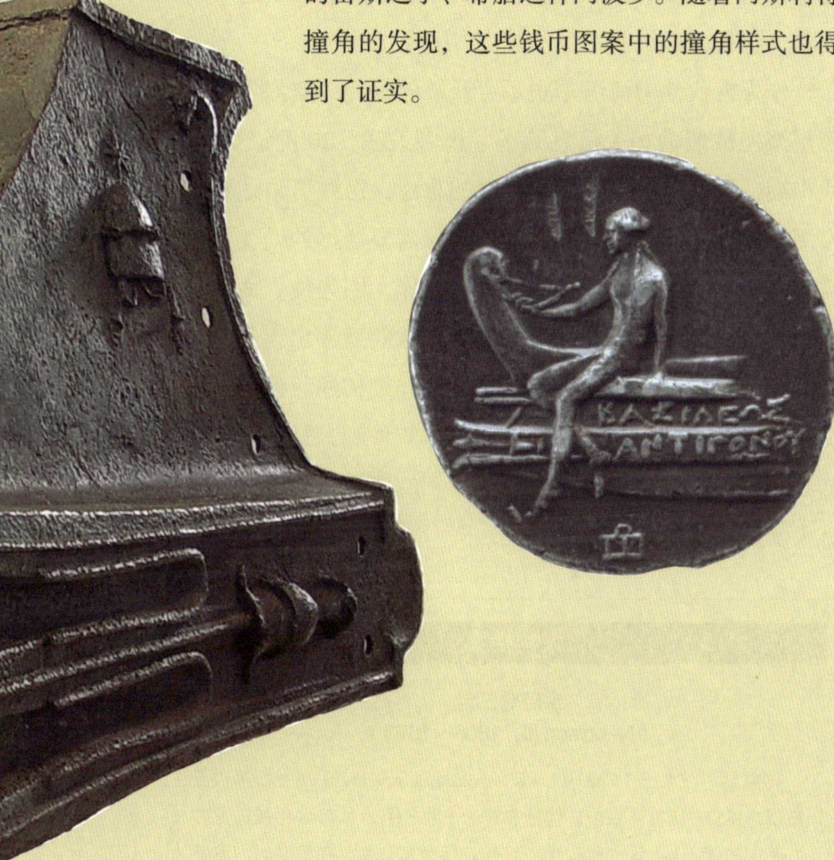

重建“奥林匹娅丝”号三层桨座战船（1987年）

Reconstruction of the *Olympias* Trireme

在古代各种战船中，希腊语称作 *trieres* 的三层桨座战船最为有名。自公元前500年起的两个世纪里，这种船在古代地中海海军中占据了支配地位。几个世纪来，战船设计的最高目标就是尽最大可能提高撞角的效用。为此战船需要动力、速度和操纵性能，三层桨座战船满足了这3项要求，它有3排桨手，每人划动1只桨。

作为古代地中海海军史不可或缺的一环，航海学者对三层桨座战船的相关信息给予了极大关注。20世纪80年代中期，随着“奥林匹娅丝”号的重建，这些努力达到了高潮。此项工程堪称惊人之举，不仅需要详尽的勘测，还需要海军建筑师与航海学者的通力合作，因为他们面临着一个重大难题：既没有一艘三层桨座战船遗迹出土过，古代文章中也没有关于三层桨座战船的详细描述。他们不知道这艘战船的结构，也不知道它原本的外观，复建的船只却必须能够划动。这是一次史无前例的船舶实验考古学的重大实践。

人物档案

拿破仑三世

（Napoleon III，1808—1873）

即路易·波拿巴（Charles Louis Napoleon Bonaparte），法兰西第二帝国皇帝，1852—1870年在位。他是拿破仑一世之侄，于1848年被选为第二共和国总统，3年后发动政变，于1852年登基称帝。在位期间，他多次发动战争，致力于在欧洲重建法国的影响力，在世界范围内建立法兰西殖民帝国。1870年普法战争中在色当惨败被俘，随之被废黜。在他统治期间，法国与英国联合发动了第二次鸦片战争，以入侵中国。

对于这样一个充满诱惑性的项目的尝试并非首次：我们知道，拿破仑三世在 19 世纪 60 年代初曾试图复制一艘三层桨座战船，但没有成功。复制出的船只船身过重，动力不足，最后，无用的船体被法国海军用作新型鱼雷的练习靶。相比之下，“奥林匹娅丝”号项目是一个巨大成功。所有的技术细节都被考虑到，从船员上下船的后勤保障，到协调桨手达到理想的节奏与合作，甚至饮水的消耗都要密切监控，因为在地中海夏季的炎热天气中，每位桨手每小时要喝掉近两品脱[22]水。然而，对于三层桨座战船的了解还存在着大量的未知数，在许多重要方面，“奥林匹娅丝”号只是原船的一个糟糕复制品。虽说我们并不了解古代三层桨座战船建造的确切信息，但我们知道，比起这艘“奥林匹娅丝”号来，它们的速度要快得多，操纵性能也好得多。

庞贝古城的罗马战船壁画（约公元 70 年）

Painting of Roman Warship from Pompeii

同古希腊以及之前的时代一样，古罗马战船的证据也不完整，但是关于它的描述不仅优美，并且历史意义重大。这些证据经历了多少世纪奇特的机缘巧合得以保存至今。公元 1 世纪，一对兄弟——两个获得自由的奴隶、成功的葡萄酒商人——在意大利阿马尔菲[23]沿海一个繁华的港口城市盖了幢房子。这座城市在维苏威火山的阴影下发展壮大。它就是庞贝。

为了炫耀他们新获得的地位和财富，兄弟俩采用了罗马流行的壁画方式，他们对此表现出的热情至今仍让考古学家瞠目结舌。公元 79 年，维苏威火山爆发，覆灭了整座庞贝古城，却定格了古城的最后瞬间，这所房子也因被掩埋在火山灰下而得以幸存。现在，维提乌斯兄弟的房子被完好地发掘并保护起来，我们有了极好的机会去参观它，也有幸去了解灾难发生时的庞贝市区，去欣赏世界级的罗马城市豪宅。当然，它们代表不了宏伟的罗马贵族庄园的优雅品味，这些获得自由的奴隶的设计风格被形容为是粗俗、暴发户式

的。每间房屋的每一面墙都被画得满满当当，内容包括巨幅的全景画、视觉派的建筑画，描绘了一幅幅神话故事场景、一个个插满鲜花的花瓶、一篮篮水果和一群群鱼，甚至还有栖息在窗台上的异鸟，而图中所示即是隐藏在这些绘画中的一块饰带，像这样描绘战船的饰带共有 4 块。

这幅壁画色彩丰富，背景为独特的红色涂料，这是当时庞贝古城的典型风格。壁画显示了两艘典型的罗马战船。罗马人不是天生的航海民族，只有在帝国受到海盗或迦太基战船威胁时，他们才会为保护帝国而出海。因此，早期罗马战船多属运兵船，或用于两栖军事行动，或用肉搏解决海上战斗。注意聚集在这些战船上层甲板、全副武装的水兵和宽阔船尾下弯曲的桶状棚子，据信这是一个军官的船舱。同时也请注意墙体石灰本身的裂缝，它强烈揭示出使这幅画得以保存的那场灾难。

背景链接

庞贝古城（Pompeii），意大利那不勒斯附近的古城，距维苏威火山（Vesuvius）约 10 公里。古城约建于公元前 7 世纪，被罗马占领后，成为其殖民地。由于庞贝是一个良好的海港，而且位于交通要道附近，很快就发展成为一个兴旺的商业城。公元 79 年火山爆发，将其湮没。自 18 世纪中叶起，考古学家开始陆续发掘庞贝古城的遗址，发现了石头街道、各种建筑物、工艺品及雕塑、壁画、家具和个人物品等大量古迹，1997 年，被列为世界文化遗产。

帕莱斯特里纳的《尼罗河》镶嵌画局部（约公元前 120 年）

Detail from the Nile Mosaic, Palestrina

罗马镶嵌画同样提供了大量有关古代船舶的各种信息，其中最为出色的是帕莱斯特里纳的《尼罗河》镶嵌画。右图中显示的只是它的一部分，也许只占原画的二十分之一——这幅巨作覆盖了 270 多平方英尺的一面墙壁，现保存在罗马的巴贝里尼宫 [24]。它原本镶嵌于帕莱斯特里纳（Palestrina）的大主教官邸（Archbishop's Palace）一间凹殿的地板上。帕莱斯特里纳是一座小镇，位于罗马以东 23 英里的亚平宁山上。这幅画设计精美，制作巧妙，生动地再现了尼罗河泛滥节的庆典场面。镶嵌画建在一间洞室的地板上，水通过山边岩石的孔隙渗入洞室，流到地板上，人们便可以欣赏到这幅设计匠心的水中画。该镶嵌画的主题同样独特，它建于公元前 120 到前 110 年

之间，是古典艺术中最早的“鸟瞰”视图风景画，表现的场景在古典艺术中也独树一帜，共绘制了40种动物，14种植物，圣堂、庙宇、塔屋和芦苇棚等各种建筑，以及各式各样的船。

镶嵌画中的战船上挤满了全副武装的士兵，长矛和盾清晰可见，船头站着一个号手，正在吹响号角。从战船倾斜的角度，可以判断出它可能正在到达或离开现场。镶嵌画的下部描绘的是两位重要人物和一个女祭司会面的场景，本图并没有显示出来。有人认为图中画的是某位托勒密国王和他的王后，那么，这艘战船多半是他们的卫队，而那个号手正吹出他们抵达的信号。船型已被确认，是一艘三层桨黑米奥拉，有半排船桨被其他两排桨遮挡住了。所以，它虽然是一幅罗马的镶嵌画，但描绘的并不是罗马战船。

和前文所述的希腊基里克斯陶杯一样，这幅画也因为同时描绘了战船和货船而弥足珍贵。画面中战船的上方是一艘典型的埃及商船，船上的两个人正在升起巨大的纸莎草帆，甲板上有一间舱室。它的下方有一条纸莎草小舟，一位渔人独坐舟中。画面右方则画了一个农田旁的小池塘，有一只小圆舟荡漾其中。这里看上去像一所农场，它甚至有一间鸽窝和深浅两种颜色的鸽子。

尼达姆船（约公元 350—400 年）

The Nydam Ship

绘画：马克·迈尔斯

同时代的北欧战船与地中海复杂的加莱战船大不相同。北欧战船都是开放式船体，并且是双头型的，也就是说，这些船从设计外观上并不能分辨出船头和船尾。从已知最早的例子中可以获悉，这类船不是用帆推进，因此在相当长的时间内，那些依靠观察地平线来寻找入侵战船的人根本发现不了它们。这类船遂成为理想的偷袭工具，可以用来对毫无戒备的沿海地区发动两栖攻击。

这种战船是维京长船的祖先，我们有幸得以深入了解它们的传统，是因为有 3 条这样的战船在德国一处沼泽底部保存了下来，并且于 19 世纪晚期，被考古学家发掘、打捞出来。公元 4 世纪早期，欧洲正从日薄西山的罗马的影响下解放出来，这些船就是在那个时期故意弄沉的。这片沼泽地曾是一片神圣的湖泊，这些战船可能缴获自被征服的敌军之手，作为一种仪式被“杀死”——毁坏并沉没。与沉船同时出土的，还有散落在旁边的 550 多支长矛和大量其他各种武器。

这条船（如后图）被称作“尼达姆船”（Nydam Ship），是 3 条船中最早被发现且唯一保存下来的。它由橡木制成，可以乘坐 28 名桨手。优美的船体有近 80 英尺长，每边只用 5 块船板拼成，每块船板都从船头一直延伸到船尾。劈开这么大的木头，并且用这么少的板材制造一条水密性船只，需要极高的木工技术。船舶被发掘后，因为离开了沼泽的无氧环境，船体大大缩小，所以它现在的样子并不能代表其最初的尺寸。即便如此，它的规模依然惊人，造船工艺也令人叹为观止。这条船现保存在德国海泽比附近的戈托尔夫城堡（Gottorp Castle）。有人认为，这是盎格鲁—撒克逊人（Anglo-Saxons）在定居英格兰过程中使用过的船型。

“科克斯塔”号（约公元 890 年）

The *Gokstad* Ship

来自公元后首个千年的战船随着维京人奇迹般地保存下来。图中所示这艘“科克斯塔”号，是迄今为止发现的最完整的维京长船之一，保存在挪威奥斯陆（Oslo）维京船博物馆（Viking Ship Museum）。独特的“叠接”结构是维京船的特色，这幅船首图提供了该结构和工艺的绝妙形象，是维京船最具标志性的图片之一。然而，“科克斯塔”号提供了一定的信息，同时也很容易误导我们。保存最好的维京船大多都在那些巨大的、富有的、精美的墓葬中，之所以成为葬品，还是因为它们的特殊性：它们是皇室游艇或礼仪艇，并不是配备战士、发动侵略和沿海袭击的日常使用的战船。因此，拿“科克斯塔”号与战船相比，就像拿女王的皇家游艇“大不列颠”号（*Britannia*）去比一艘护卫舰[25]，或是用女王的劳斯莱斯汽车与一辆坦克相比。

左图的这个视角掩盖了两种船型间的差别。“科克斯塔”号的长度和宽度相对都较大，但它依然比已知最大的维京长船短 15 英尺 6 英寸，宽 2 英尺多：相比之下，它显得短粗一些。其实做出这样的比较也非常困难，因为迄今为止仅有一艘真正维京长船的部分遗骸被发掘，即“斯库勒莱乌 2 号”（*Skuldelev 2*）。由此可知，乍一看，维京船的设计似乎千篇一律，但实际上有各种各样的渔船、沿海和远洋贸易船舶、皇室游艇和小型战船，以及北欧海盗标志性的战船——巨型维京长船。而隐藏在迷雾中的，正是这些长船。

“格伦达洛的海上种马”号——维京长船“斯库勒莱乌2号”的复制品下水（2004年）

Sea Stallion of Glendalough, Replica of the Viking Longship *Skuldelev 2*, Launched in 2004

随着“格伦达洛的海上种马”号于2004年下水，我们对维京长船性能的认识开始有了巨大的飞跃。这艘战船是唯一幸存的维京长船“斯库勒莱乌2号”的复制品，由丹麦罗斯基勒维京船博物馆（Viking Ship Museum）的造船工程师复建而成。相比古代或黑暗时代的其他任何船型，维京船的

复制品比较多，这些复建船只中的佼佼者使我们了解到许多北欧航海及其船舶性能方面的知识。其中一艘较早的复建船只是 1893 年的“维京”号（*Viking*），它仅用 28 天就从挪威卑尔根航行到纽芬兰。另一艘“传奇水手”号（*Saga Siglar*）环游地球，直到 1992 年在地中海的一场风暴中失事。最近的“海上种马”号是所有复建船只中最大的一条，长达 100 英尺，用 300 棵橡树的木材制成。根据树木年代学可知，原船建造于 1042 年的都柏林，仅仅 30 年后，它便与其他 4 艘不同类型的维京船沉没在丹麦罗斯基勒湾（Roskilde Fjord）入口处。这些船是刻意被沉放在那里的，这样，如果有人想从海上入侵罗斯基勒的古代皇室和宗教遗址，他们将不得不绕行，而绕行的路线则相对易于防守。

这艘复建船只的建造，以及从罗斯基勒到都柏林的往返航行，是迄今为止最全面的实验性维京船考古活动。从这些实验中，我们了解到船只的适航性很高，它们的柔韧性吸收了波浪的冲击；它们平衡的船侧舵（side-rudder）与船配合完美，即使在风浪中也非常有效；只用桨推动，它们的航速可以达到 7 节，驶帆时可以逆风前进。这幅“海上种马”号航行的画面尤为震撼，它们展现的背景就是维京战船曾经驶过的地方。

来自库尔谷宝藏的白银珍宝（约公元 905 年）

Silver Treasures from the Cuerdale Hoard

维京军队利用长船进行贪得无厌的掠夺和土地扩张。他们乘坐吃水浅的船深入内陆，寻找毫无戒备的富裕城市。公元 845 年，他们对距大海 100 多英里的巴黎就曾发动两栖攻击。军队一旦登陆，他们可以向内陆深处进军，一路靠掠夺生活。

在英国，有关这些维京军队的考古证据种类繁多，令人惊叹。巴黎被袭 30 年后，一支维京大军袭击了韦塞克斯，我们现在知道，公元 873 年末，他们在德比郡的雷普顿过冬。1980 年，那里出土了一座巨大的墓坑，坑里埋着至少 250 名男女老幼脱了节的尸骨。有人认为这些人是维京军队的一部分，感染了某种传染病。另一个与横冲直撞的维京军队有关的惊人发现是这幅图上的库尔谷宝藏（Cuerdale Hoard），1840 年春出土于兰开夏的里布尔河（River Ribble）岸边。这只衬铅箱子里有 7500 枚银币和大量银制饰物，以及一些碎银或“烂”银，总计 88 磅银子，是已知西方最大的维京宝藏；在东方，也只有通往俄罗斯的古代阿拉伯银路（Silver Route）上的少数几个发现才能够超过它。这处宝藏的年代约为公元 905 年，里面包含了来自维京世界各个地方的银币和首饰：斯堪的纳维亚、法兰克、意大利、爱尔兰、皮克特兰（Pictland）和英格兰。据信，这些是维京军队的掠夺物，因其在英国西北部被发现，历史学家又将它与公元 902 年维京人被逐出都柏林联系起来，这些人中的一部分定居在今兰开夏地区。自发现以后，库尔谷宝藏散落各地，但相当大一部分藏品依然可以在大英博物馆看到。

来自瑞典的维京钱币（约公元 850 年）

Viking Coins from Sweden

在向我们提供有关维京船帆的知识方面，维京钱币的贡献尤其突出。帆引入北欧的时间相对较晚，最早的维京帆船证据来自大约建于公元 815 至 820 年的“奥塞贝格”号（*Oseberg* ship）。相比之下，我们关于地中海帆船的最早证据来自大英博物馆的一只埃及花瓶上的描绘，它可以追溯到大概公元前 3500 年——比“奥塞贝格”号早了 4315 年左右。维京船帆具的考古证据极为有限，而且没有船帆存世。通过这些维京钱币，我们可以了解到：维京船的帆具十分简陋，船由一面矩形帆推动。这些钱币发现于瑞典的维京贸易城镇比尔卡（Birka），这里能很容易地交易到波罗的海东部寒冷地区土著猎获的优质皮毛。

西塞罗[26]所译阿拉托斯作品中的南船座[27]（约1025年）

The Constellation Argo from a Translation of Cicero's Aratus

维京人的入侵对盎格鲁—撒克逊艺术产生了深远影响，尤其是对那些制作泥金装饰手抄本的艺术家而言。创作手抄本的宗教中心以及手抄本本身，都成为了维京海盗的目标。例如，现藏于斯德哥尔摩瑞典皇家图书馆的《奥里斯法典》（*Codex Aureus*），它是一本装饰华丽的福音书，在一次维京海盗袭击中从坎特伯雷[28]被盗走，后来又被赎回。但手稿制作因此而中断的时间相对较短，至公元900年时又重新活跃起来。到11世纪中期，装饰手抄本的艺术家们与维京文化已经共存超过一个世纪，文化融合达到相当高的程度，维京文化的影响开始反映在手抄本中。本图就是一个极好的例子。这是一首希腊诗的11世纪抄本，由罗马政治家和哲学家西塞罗译成拉丁文。阿拉托斯的原作名为《物象》，诗中讨论

背景链接

泥金装饰手抄本（illuminated manuscripts），指用金、银或明艳颜色装饰的手抄书卷。现存最早的此类代表作品可以追溯至古典时代晚期，其内容通常是关于宗教的；在中世纪的欧洲达到顶峰。泥金装饰手抄本一般都有华丽的封面，甚至镶嵌宝石；配有彩色插图；大量运用特别装饰效果的首字母、边框等。

Post canis igitur magni caudā sed
constituta .e. quā fabule poetarū ita
mi nerua que primū ea
muium fuerat ho
habet autem
mo mali .iii. s

A tcaudis ad la udā serpens p labitur a
C onuertans pse portans cum lumine

stellarū ordinem ī navis
collocatā dicunt · ppt
dicit · et mare qđ antea
navali ingenio fecisse ·
iiii · in latere · v · in sum
v · sunt · xvii ·
iiii
in pupe
na

人物档案

阿拉托斯

（Aratus，前 315 或 310—前 240）

古希腊最具名望的诗人之一，马其顿宫廷诗人。他以长诗《物象》（*Phaenomena*）传世。该诗采用六音步格律，分为上下两部分，上半部分描述星座，下半部分记录气象，在古代流传甚广，包括西塞罗在内的很多作家都曾翻译过此诗。

了星座。因此，这幅图既描绘了载着伊阿宋和“阿尔戈”号众英雄[29]寻找金羊毛的船，还表现了南船座。星座的形状与船在视觉上的联系充其量只能说得上牵强，哪怕那是一条希腊船，因此，这里的插画师只是信手画来。此处他画了一条传统的维京船，左边有一个独特的龙头状船尾，但右边的船头处却画了一只带有罗马—希腊特色的撞角。围绕船身描绘的红点是南船座群星的位置。

对存世的维京船的科学分析表明，色彩斑斓的船体也许是恰当的描述。维京人把船体涂上油漆，避免海洋生物生长，但从未发现一艘维京船配有撞角。

“奥塞贝格”号的船首雕饰（约公元 800 年）

Figurehead from the *Oseberg* Ship

虽然看上去有点异想天开，这种龙首主题其实是很真实的。“奥塞贝格”号是迄今为止发现的装饰最华丽的维京船，有一根精美的弧形艏柱，这个龙头就刻在上面。与该船一起发现的还有两根柱子，每根都雕刻有一只咆哮的怪物。斯堪的纳维亚人相信这样的图案具有辟邪的作用，因而颇为青睐。龙、蛇和猛禽等船首雕饰，成为偷袭与暴力的代名词，并且紧密地与维京船联系在一起，以致维京海盗在两栖袭击时，往往会把这些装饰从船上卸下，进行伪装，迷惑敌人。

① ② ③

④

贝叶挂毯（约 1070 年）

The Bayeux Tapestry

1066 年，诺曼人[30]征服英格兰。这次征服为了解 11 世纪中期战船提供了另一个极好的资源，因为入侵的故事以及在此之前哈罗德到访诺曼底的政治阴谋，都在这幅贝叶挂毯中极为详尽地表现出来。我们甚至能看到为建造入侵舰队而砍伐树木（见图①），然后是建造舰队船只（见图②）。这些画面在我们了解中世纪早期造船技术的大体情况，以及 1066 年的入侵准备工作等方面具有很高的研究价值。这些大树先是被长柄斧头砍倒，然后把树干用楔子劈开，再用 T 形单面劈斧将板材斫平。为了更容易处理，板材以一定角度被劈成一块裂开的树干。随后，在造船师工作前，板材被堆起来。造船师留着长长的胡须，显得年长沉稳、经验丰富（见图②）。他们使用各种各样

⑥

的工具，包括在画面上方的胸压钻。建成的船则将船首的绳索系在海中的柱子上（见图③）。

这些船总体上属于同一种“类型”，都是传统的维京风格，但每条之间又有细小的差别。最华丽的那些拥有装饰艏艉，有的还刻着兽首，但停泊在佩文西（Pevensey）沿岸的这些船却没有类似的装饰（见图⑥）。因此，

背景链接

贝叶挂毯（Bayeux Tapestry），创作于11世纪，长约70米，宽0.5米，现存62米。挂毯的图案描述了黑斯廷斯战役的前后过程，共出现了623个人物，55只狗，202只战马，49棵树，41艘船，超过500只鸟和龙等生物，以及大约2000个拉丁文字。史载是由征服者威廉的同母异父兄弟、贝叶大主教主持织造的。

很有可能这些装饰是可以被拆卸的。还有一些船在桅杆顶上挂着盾牌和旗帜；桅顶挂着大十字形框架的那条船被认为是威廉一世的旗舰，那个框架或许是个灯笼（见图⑤）。这条船的船尾也有一个号手，应该是个信号员。

挂毯描述的航海故事中，最有趣的不是这些船或人，而是那些马，这在某些船上能够很清楚地看到。有一条船上至少能看到 10 匹马，它们与船员或骑手待在一起（见图④）。围绕这些马产生了很多问题。一般认为，威廉的舰队能够运送 1 万军队及其给养，还有 2000 到 3000 匹马。但是，马不能从静止状态跳过 5 英尺高的舷缘上下船，而且众所周知马会晕船，渡海时需要结实的马栏。现代实验考古学认为，运马船靠岸后可以拉转偏向一侧，以此降低舷缘，让马下船，但对 10 匹渡过波涛汹涌的海峡的马，这样做是不可能的。我们知道，希腊人、罗马人、拜占庭人和阿拉伯人都有专用运马船，并且当时记录 1066 年入侵的编年史作者对运兵船和运马船作了区分。因此，我们有理由相信，至少在这个细节上，贝叶挂毯会让人产生误解。虽然仍未达成共识，但一些人相信，威廉也许是使用了拜占庭样式的专用运马船实现横渡，而且他的马在罗马人建设的港口上下船，这些港口有供骑兵出发和到达的设施。

人物档案

威廉一世
（William I，约 1027—1087）

英国国王，1066—1087 年在位。1066 年，英格兰国王“忏悔者”爱德华去世，大贵族哈罗德被拥立为王，在约克大教堂举行了加冕仪式，是为哈罗德二世（Harold II，1022—1066）。但其王位受到挪威维京国王哈拉尔三世及诺曼底公爵威廉的挑战。威廉借口爱德华生前曾许以王位，渡海侵入英格兰。哈罗德在斯坦福德桥击败了挪威人，但其军队在黑斯廷斯战役中被诺曼底公爵威廉击溃，哈罗德本人亦战死。威廉进入伦敦，加冕为英格兰国王，成为英格兰的首位诺曼国王。这就是著名的“诺曼征服”，威廉也因而得名“征服者威廉”。

使用“希腊火”的德雷蒙战船[31]（选自《马德里手稿》[32]）

Dromon Using Greek Fire, from the *Madrid Skylitzes*

绘画：马特里腾西·格拉库斯（约 1080 年）

“征服者”威廉大量借鉴拜占庭战舰的设计风格并不令人意外，因为拜占庭人是海战大师和革新家。以君士坦丁堡[33]为中心，拜占庭在罗马帝国的废墟中崛起，但不断受到穆斯林来自海上和陆地的攻击。它的舰队以一种名为德雷蒙的新型战舰为主力，成为国家生存的关键。德雷蒙战舰有两层桨、一面帆，操纵性好、航速快，很容易从它身上看到昔日成功的罗马战舰的身影，如“利布尼安”（*liburnian*），就是一种有两排桨手的加莱战舰。拜占庭编年史家特别详细地描述了他们的运马船：10 世纪中期，每条运马船载 12 匹马，骑士可以直接骑马下船，走上海滩。

但是，拜占庭人最著名的发明却是希腊火及其发射装置。这种喷火器也叫“虹吸管”（*siphōn*），大概是一种由青铜制成的泵。本图选自 12 世纪西西里人复制的一本拜占庭历史手稿，如今保存在马德里的西班牙国家图书馆。书中希腊火的形象，是目前已知对这种武器仅存的描绘。希腊火是一种威力强大的海战武器，甚至可以在水面上燃烧。但是那并不表示它是无法扑灭的，一些当时的文章提到：高浓度醋酸、陈尿、黄沙和浸了醋的毛毡都可以用来扑灭它。

背景链接

希腊火（Greek fire），一种由火焰投射器发射的合成易燃物，用来点燃敌船。据称，它是于 668 年被一个叙利亚工匠带往君士坦丁堡的。678 年，阿拉伯哈里发穆阿维叶一世进攻君士坦丁堡。拜占庭海军出动装有希腊火的小船，对阿拉伯战舰展开火攻，使阿拉伯海军几乎全军覆没。拜占庭人欣喜若狂，称之为“防备之火”或“海洋之火”。对于希腊火的配方和制作方法，后世知之甚少，原因在于拜占庭皇室严格的保密措施。根据史料中的描述分析，很有可能以轻质石油（俗称石脑油）和生石灰为主要成分。

δρον· ἐκ πεντήκοντα καὶ τριακοσίων στωιμις

δὲ τοῦ βασιλικοῦ στόλου καταρχοντος· τὴν το

λοχοῦσι τοῖς ἐναντίοις· καὶ τὰς ἀφνιδ

πῶν μυκῶν· ἠπρασε δὲ καὶ τὰς καλασσῶν πυρ

λος ῥωμαί πυρπολῶν τὸν τῶν ἐναντί

小贴士

1 《伊利亚特》（*Iliad*），希腊六步格史诗，共24卷，相传为荷马所著，是重要的古希腊文学作品，也是西方的经典之一。史诗的背景设在特洛伊战争，讲述了迈锡尼国王阿伽门农和英雄阿喀琉斯的故事。

2 《奥德赛》（*Odyssey*），希腊六步格史诗，传说为荷马所著，与《伊利亚特》同为现存最古老的西方文学作品。《奥德赛》延续了《伊利亚特》的故事情节，讲述了在外漂泊10年的希腊英雄奥德修斯（罗马神话中称为"尤利西斯"）在特洛伊陷落后重返家乡的故事。

3 迈锡尼人（Myceneans）。迈锡尼（Mycenae）是一座希腊古城，位于伯罗奔尼撒半岛东北海岸，是青铜时代晚期迈锡尼文明的中心，特洛伊战争时期由阿伽门农统治。

4 亚历山大大帝（Alexander the Great，前356—前323），即亚历山大大帝，马其顿王国国王，前336—前323年在位。他是腓力二世之子，亚里士多德的弟子。即位后，他大举远征东方，将疆域拓展到印度河流域，一生未尝败绩，被认为是历史上最成功的军事统帅之一。

5 马其顿人（Macedonian）。马其顿（Macedon）位于欧洲巴尔干半岛中南部地区，是古希腊西北部的一个王国，在腓力二世和亚历山大大帝统治时期成为世界强国。

6 雅典（Athens），古希腊一个繁荣的城邦，位于中希腊的阿提卡半岛，境内有良港便于航海和经商。雅典在古希腊文明中政治、历史、经济、文化等方面都扮演重要的角色。特别是在黄金年代，雅典成为希腊城邦中的人才荟萃之地，许多闻名后世的学者、文学作品、建筑物等等都出现在这个时代。

7 斯巴达（Sparta），古希腊城邦之一，位于伯罗奔尼撒半岛南部，以其严酷的纪律和军事贵族寡头统治闻名，与当时雅典的民主制度形成鲜明对比。在伯罗奔尼撒战争中，斯巴达击败了对手雅典，成为希腊头等强国。

8 罗得岛（Rhodes），爱琴海东南部的一个岛屿，是爱琴地区文明的起源地之一。在鼎盛时期，岛上竖有一座巨大的太阳神雕塑，被誉为古代世界七大奇迹之一。

9 亚历山大（Alexandria），位于尼罗河三角洲西侧，临地中海，是希腊化时代地中海东部的政治、经济和文化中心。

10 底格里斯河（Tigris），西亚著名河流，发源于土耳其东南部山区，流经伊拉克，最后与幼发拉底河汇合成阿拉伯河，注入波斯湾。底格里斯河流域与幼发拉底河流域统称两河流域，是古代文明发祥地之一。伊拉克首都巴格达位于底格里斯河西岸。

11 恺撒（Gaius Julius Caesar，约公元前100—前44），古罗马统帅、政治家和作家，公元前46年建立独裁统治，集执政官、保民官、独裁官等大权于一身，公元前44年，被元老院成员刺杀身亡。

12　高卢（Gaul），欧洲古地名，包括现在的法国、比利时、荷兰南部、德国西南部和意大利北部等地区。阿尔卑斯山南部地区称为山南高卢，于公元前3世纪后期被罗马人占领；阿尔卑斯山北部地区称为山北高卢，公元前58年到公元前51年间被罗马统帅恺撒占领。

13　法兰克（Frankish），日耳曼人的一支，4世纪初居于罗马帝国境内的高卢东北隅。西罗马帝国开始瓦解时，法兰克人趁机扩展地盘，首领克洛维一世接收了罗马的管理机构后，统一其他部落，建立了史上第一个法兰克人的国家。

14　拜占庭（Byzantine），古希腊城市，建于公元前7世纪，位于博斯普鲁斯海峡西岸，现伊斯坦布尔所在地。公元4世纪中期，该城发展成东罗马帝国（即拜占庭帝国）的中心，君士坦丁大帝重建该城，并命名为君士坦丁堡。

15　底比斯（Thebes），古埃及中王国和新王国时代的首都，跨尼罗河中游两岸，其遗址在今埃及中部卢克索附近。作为首都和宗教中心，它从公元前22世纪中期到公元前18世纪曾繁荣一时。

16　青铜器时代（Bronze Age），又称青铜文明，在考古学上是以使用青铜器为标志的人类文化发展的一个阶段，介于石器时代和铁器时代之间，约为公元前4000年末或前3000年初到公元初年之间一段时间。

17　亚述巴尼拔图书馆（Library of Ashurbanipal），是国王亚述巴尼拔下令建造的图书馆，位于首都尼尼微城内，收藏了大量公元前7世纪的泥板。公元前612年，尼尼微被攻陷，王宫和图书馆都毁于战火，泥板上的楔形文字却被烤得硬化，反而更易于保存。后被奥斯汀·亨利·莱亚德发现，绝大部分被带回了英国，目前藏于大英博物馆。

18　基里克斯陶杯（Kylix），古希腊一种双耳浅口酒杯，公元前五六世纪时，常在平滑的杯外壁绘制黑彩画。“基里克斯”在古希腊语中就是“杯”的意思。

19　萨莫色雷斯岛（Samothrace），希腊属地，在爱琴海东北。公元前7世纪，希腊人在此建造了宏伟的万神殿建筑群，遗迹于1856年出土；1863年，又在岛上发现了著名的胜利女神雕像。

20　安提柯三世（Antigonos III Doson，前263—前221），是安提柯王朝的马其顿国王，前227—前221年在位。王朝由安提柯二世建立，其后继者多次镇压希腊各城邦的反抗，与托勒密、塞琉西等国长期争夺地中海东部的霸权。

21　四德拉克马银币（tetradrachm），一种古希腊银币，公元前510—前38年间在希腊世界广泛使用。

22　品脱（pint），英、美计量体积和容积的单位。1品脱（英）=0.5683升，1液品脱（美）=0.4732升，1干品脱（美）=0.5506升。

23　阿马尔菲（Amalfi），意大利南部萨莱诺省索伦托半岛南侧的一段海岸线，以崎岖的地形，如画的美景，城镇的独特和多样性而著称，被联合国教科文组织列为世界遗产。

24　巴贝里尼宫（Palazzo Barberini），罗马的一座宫殿，位于巴贝里尼广场对面，设有意大利国家古代艺术画廊。

25　护卫舰（frigate），是中世纪地中海上的一种帆桨兼用的快船；十八九世纪指一种比战列舰（ship of the line）小的快速风帆战舰，一般用于护航。现代护卫舰比驱逐舰略小（美国海军护卫舰则较大）。

26　西塞罗（Marcus Tullius Cicero，公元前106—前43），罗马政治家，雄辩家，作家。

27　南船座（Argo），南天星座之一，于18世纪被拆分成船帆座、船底座、船尾座和罗盘座等4个单独的星座。

28　坎特伯雷（Canterbury），英格兰东南肯特郡城市，坎特伯雷大主教驻地，是中世纪的朝圣地。

29　"阿尔戈"号众英雄（Argonauts），源自希腊神话，讲述的是伊阿宋（Jason）为了拿回被篡夺的王位，率领众英雄乘坐"阿尔戈"号（*Argo*）寻找金羊毛的故事。

30　诺曼人（Norman），法兰克人和斯堪的纳维亚人混血后裔，公元912年起定居于诺曼底，11世纪成为西欧和地中海地区的主要军事力量。

31　德雷蒙战船（dromon），一种加莱战舰，5到12世纪拜占庭海军最重要的战舰，后被意大利型加莱战舰取代。

32　《马德里手稿》（*Madrid Skylitzes*），拜占庭历史手稿，讲述了自811年尼基弗鲁斯一世去世至1057年米海尔六世退位之间拜占庭帝王的历史事件，配有丰富的插图。作者为约翰·斯基里泽斯（John Skylitzes）。

33　君士坦丁堡（Constantinople），又译作康斯坦丁堡，今土耳其最大城市伊斯坦布尔的旧名，自330年君士坦丁大帝命名至1453年土耳其人攻占此城期间的名称。历史上曾经是罗马帝国、拜占庭帝国、拉丁帝国和奥斯曼帝国的首都。

第二章
中世纪

（约 1100—1545 年）

The Middle Ages

在研究中世纪海上战争时，你必须小心避免掉入一系列陷阱。首先你需要保持正确的时代观念。这是个共性问题，对古代和中世纪都适用。举个例子，第一章跨越了 2000 多年的航海史，而这一章，虽然相对较短，依然涵盖了相当长的历史时期——近 500 年。与此相比，大航海时代——库克（Captain James Cook）、安森（Admiral Lord Edward Anson）、霍克（Admiral Lord Edward Hawke）和纳尔逊（Admiral Lord Horatio Nelson）的时代——虽然开始和结束时间有各种不同说法，但都不超过 150 年，而蒸汽时代更是短得多。因此，一个人很容易把中世纪看成一个快速革新和技术发展的时期，但是考虑到这个时代的时间跨度，便会发现：历史的延续性与变革同样显著。

当然，一些重大的变革确实发生了。最重要的也许是火药的广泛应用，但它真正影响海战的程度有多大呢？火炮大概起源于 14 世纪初，初期的各种火炮都比较小，文字记载表明它们也用于发射铅弹丸，但在早期描述中，它们发射的是巨大的箭，因此作用非常有限。虽然这些火炮声势很大，火光和巨大的烟雾也很吓人，但是海上作战方式在很大程度上依然如故。战船在接舷前互相齐射矛、箭和弩，而战斗最终仍将由面对面的肉搏决定胜负。因此，关于火炮之类新技术的应用问题，要结合它所处的复杂的文化背景去考虑，而不仅仅只是确定如何在战斗中使用火炮。这不光是一个战术问题，也是海军基础建设的问题。

看一下“玛丽·罗斯”号（*Mary Rose*）的武器清单就会明白，因为它非常清楚地说明：把中世纪的“火炮”当成一个单一对象尤其无济于事。“玛丽·罗斯”号装备有 cannon, demy cannon，culveryns，demy culveryns，sakers，fawcons 和 soma 等各种形式的黄铜火炮。而且这还不是全部，清单上还有 8 种不同型号的铁炮，以及各种铁制手持枪：porte pecys，slynges，demy slynges，quarter slynges，fowlers，baessys，toppe pecys，和 hayle shotte pecys。要有效使用这些武器，每种武器都需要一个枪手或炮手，他需要熟悉这种武器和火药装填量，还得有尺寸合适的弹药。而枪炮本身也需要整合到一场使用传统武器，尤其是长弓的战斗计划中。这样的战法要想获得成功，需要一定的组织水平和制造技巧，这些本身也是全新的。简而言之，要等到人们了解、尝试和测试之后，火炮才能在海战中大显身手。

这些做法也适用于很多这一时期的其他重要发明。最引人注目的是舰队中出现了大型帆船，从 1 根桅杆开始，直到 2 根、3 根，甚至 4 根。虽然人们很快发现，这些宽敞的帆船可以比桨战船运输更多人员、补给，并且它们从划桨作战方式的后勤限制中解放出一部分战斗力，但不管是独立作战还是与划桨船协同作战，最大化利用这些帆船的方式尚不明朗。这些庞大战舰对海战最直接的影响之一，仅仅是给船上士兵增加了高度。即使在船的腰部位置，他们也大大高出低矮的加莱战舰，后者的桨手成为很容易攻击的目标。这引发了一场造船竞赛，造船者努力把船造得越来越高，尤其是艉楼和艏楼，它们的巨大平台给船员带来高度优势。平台还建在船桅上，可以从那里投掷武器，被称为“战斗桅楼”（fighting top）。然而，战斗依然是近距离肉搏战，不是远程火炮攻击，而且海战方式的限制致使绝大部分海上战斗还是发生在近岸水域，很大程度上与维京时代的海战一样。因此，在某种意义上，中世纪海战与黑暗时代没什么两样，只是交战的船舶不同而已。并且这一时期，对海洋实质意义上的控制依然不可能实现，海战本身的参与者也是五花八门。单独的海盗行径或区域性的海军活动，与那些由英国或法国国王、威尼斯、热那亚或土耳其海军组织的军事行动意义完全相同。在圣约翰骑士团（Knights of St. John）的组织下，基督教甚至也有了自己的海军，这在世界上是独一无二的。

在该时期即将结束之际，单桅柯克战船被带有独特的高耸艏艉楼的多桅卡瑞克战舰取代，一些意义重大的变革也随之开始。首当其冲的就是16世纪早期发明的炮门。在此之前，重炮只是简单地安放在露天甲板上，伸出舷墙外，或者安在艏艉楼甚至战斗桅楼。但这些地方有一个重要的先天不足：火炮尤其是黄铜炮太重了，以至威胁到战舰的稳定性。炮门发明之后，火炮就可以装在吃水线附近，不需要牺牲船舶的稳定性，一条船就可以安装更多大炮。不久后，战舰开始拥有多层火炮甲板，虎视眈眈的大炮从两舷炮门伸出。现在，装配火炮、安设炮门的风帆战舰已经完全专业化了。因此，那种仅靠租借或偷盗一支商船舰队、再用士兵武装它，便妄图控制海上力量的想法已经不再有效了。而且，要想参与角逐，你必须要拥有国家才能支配的资源。因此，一支拥有甲板火炮的帆船海军的发展，与更大范围内的国家组织已经密不可分。风帆战舰已经毫无疑问地成为财富、力量和意图的展示，它将决定和影响一个国家的命运。

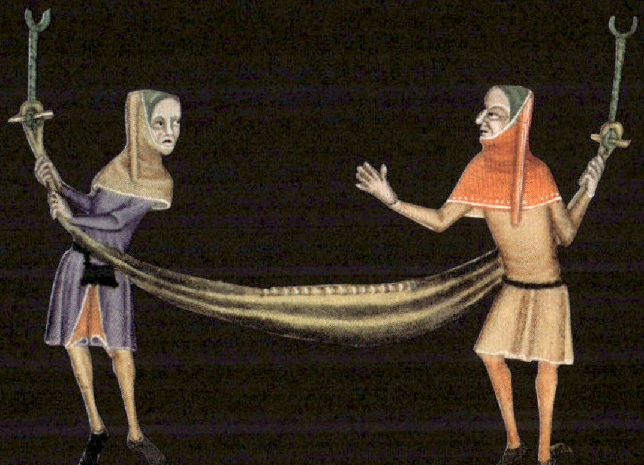

哀悼中的亨利一世

Henry I Mourning

选自《兰托夫特英格兰编年史》（约 1307–1320 年）

1120 年，一个叫托马斯·菲茨史蒂芬（Thomas Fitzstephen）的人得到了英格兰或诺曼底地区最好的一艘船。托马斯来自航海世家，1066 年入侵英格兰时，其父史蒂芬·菲茨史蒂芬（Stephen Fitzstephen）任威廉国王的旗舰船长，那条船就描绘在贝叶挂毯上。54 年后，威廉国王和他钟爱的船长都已离世，他们的儿子分别接替了各自的位置。威廉的四子亨利一世现在是英格兰国王，而托马斯·菲茨史蒂芬则是船长，他的船又大又快，被称为“白船”号（*White* Ship）。

1120 年 11 月，亨利国王成功结束谈判，与众大臣返回英格兰。这次谈判确认了他唯一合法的儿子威廉（与其祖父同名）为诺曼底公爵及英格兰王位继承人。托马斯·菲茨史蒂芬遵循乃父做法，提出从英吉利海峡送国王回国，但亨利国王已经做出安排。亨利国王不想拂年轻人的兴，提出托马斯可以送他的儿子和一大批贵族过海峡回国。

托马斯和船员骄傲得忘乎所以，喝起葡萄酒庆祝，他们的喧闹导致许多乘客下了船。我们知道的情况是，1120 年 11 月 25 日 10：43，“白船”号迎着初起的潮水起航。但不久之后，还未远离海岸的“白船”号便触礁沉没，所有乘客和船员中仅一人幸存。“还没有一艘船给英格兰带来过如此巨大的灾难。”当时的编史者马姆斯伯里的威廉（William of Malmesbury）写道。亨利国王失去了一位合法男性继承人和另外两个孩子，一起丧生的还有几位侄甥女和忠心耿耿的朋友。听到噩耗，他当时就瘫倒在地，被人搀扶进一间私室。后来，亨利国王指定女儿马蒂尔达为继承人，但许多权贵支持亨利国王的外甥史蒂芬，拒绝接受马蒂尔达

Henrici nati pelago perierunt adaquanti.
Filia que remanet imperiale tenet.
Henricus Rex filius conquestoris genuit
qui periit in mari
qui periit in mari
Regis Henrici

的统治。英格兰陷入可怕的连年内战，用《盎格鲁—撒克逊编年史》（*Anglo-Saxon Chronicle*）中的话来说，这是“上帝和他的圣徒沉睡”的时期。

这幅图来自沉船近两个世纪后，14 世纪早期的一部手稿（《兰托夫特英格兰编年史》）。亨利在画面上方，坐在国王宝座上哀悼。他下方是一艘桅杆折断的船，亨利后代的名字围绕在船周围。一个来自鲁昂的屠夫幸存下来，向人们讲述了沉船故事，但没有证据证明桅杆折断过。相反，情况似乎表明船撞上了一块礁石，也许是今巴夫勒尔（Barfleur）港以北的基耶伯夫（Quilleboeuf）礁石。船体被撞出一个洞，船因此沉没。并且，画面中这艘船反映的是 14 世纪建造的船型，并不是对“白船”号的准确描绘，看上去应该更像贝叶挂毯上描绘的传统维京船。

背景链接

亨利一世（1068—1135），征服者威廉之子，1100—1135 年为英格兰国王。1120 年，其继承人威廉意外溺死后，亨利一世指定女儿马蒂尔达（Matilda，1102—1167）为继承者，并让他的封臣对女儿宣誓效忠。1135 年亨利一世去世后，他的外甥史蒂芬（Stephen）背弃誓言，篡夺了王位，马蒂尔达遂发动反对史蒂芬的内战。直到 1153 年史蒂芬的儿子死后，双方达成协议：立马蒂尔达的长子亨利为继承人。次年，史蒂芬去世，亨利继位，称作亨利二世。

桑威奇海战（1217 年）

The Battle of Sandwich

选自马修·帕里斯的《大事记》（约 1237–1259）

这是当时对中世纪海战最可怕的描绘之一，出自赫特福德郡（Hertfordshire）圣奥尔本斯修道院（St. Alban's Abbey）本笃会的修士马修·帕里斯之手。他所描绘的 1217 年桑威奇海战（Battle of Sandwich），交战双方为英国舰队和法国舰队，法国舰队的指挥官是尤斯塔斯（Eustace），又称“黑教士”（Black Monk）；英国舰队是由休伯特·德伯格（Hubert de Burgh）指挥，帕里斯就是从他那里直接获悉了事件经过。因此，通过帕里斯的叙事技巧，再加上他的渊博的知识背景，我们对这次海战的了解比其他任何中世纪海战都多。在中世纪海战中不常见的是，这场战役是在张着帆航行过程中进行的，虽然战场处在避风的沿海水域。庞大的法国舰队受到来自后面的进攻，惨遭大败。

帕里斯写道：

他们攻到敌舰尾部，抛出钩子，牢牢抓紧。他们登上敌舰，用利斧砍断支撑桅杆的升降索和侧支索。帆落下来，盖在法国人头上，就像大网盖住了鸟儿。贵族们得以幸免，被关押在一起，其他人却都被砍下了头颅。

尤斯塔斯是中世纪舰队指挥官的典型，因为他是个唯利是图的雇佣兵：一个悬挂自己旗帜的海盗，同时又受英国和法国雇佣，作为他们的海军指挥官。最终，他在桑威奇海战中战败，并且，也许是出于对他最近倒向法国的愤慨，英国海员没有为他的乞求和重金打动，砍了他的头。

人物档案

马修·帕里斯
（Matthew Paris，约 1199—1259）

英国编年史家、本笃会（Benedictine）修士，也是著名的泥金装饰手抄本艺术家。他创作了诸多作品，以历史题材为主，因编撰《大编年史》（*Chronica Majora*）（从上帝创造世界写到 13 世纪中期的世界史）而闻名。

占领君士坦丁堡（1204 年）

The Capture of Constantinople

绘画：丁托列托（1518—1594 年）

十字军东征的战事与海上霸权和战舰错综复杂地交织在一起。前两次十字军东征得到一个明显的教训就是：经陆路从北欧前往“圣地”困难重重。成千上万人死于疲劳、饥饿、风吹日晒和雨淋，通往“圣地”的通道控制在拜占庭帝国手中，而其首都君士坦丁堡则控制了南下的道路。第三次十字军东征（1189—1192 年）时，英格兰国王理查一世决定避开这些困难，率领军队从马赛出发，经海上占领阿卡港（Acre）。随着阿卡的陷落，十字军得到了整个穆斯林舰队，也彻底粉碎了阿拉伯人自十二三世纪以来唯一坚持不懈地向罗马天主教国家海军挑战的意图。

1198 年，天主教再次发动十字军东征。这一次，威尼斯人签约为一支由 4500 名骑士、9000 随从和 2 万步兵组成的大军提供运输舰队。但真正到达的东征军却只有一半人，威尼斯人拿不到报酬。东征军被威尼斯人扣为人质，他们便与威尼斯人打了起来。就这样，第四次十字军东征的对象成了基督教国家自己人。这次不同寻常事件的结局就是，1204 年，十字军包围并占领了基督教城市君士坦丁堡。3 个多世纪以后，丁托列托（J. R. Tintoretto）在一块帆布上画下了这一历史事件，本画所描绘的就是这次围攻。

两栖进攻由满载弩手和弓箭手的战舰打头阵，他们负责扫清滩头阵地的敌军，让加莱战舰拖带的运兵船和运马船登陆。随后横跨金角湾[1]的巨链被斩断，停靠在巨链后方的整支拜占庭舰队或被俘获、或被摧毁。法兰克人从陆上、威尼斯人自海上，同时向君士坦丁堡主城发起进攻。海上进

人物档案

理查一世
（Richard I，1157—1199）

亨利二世之子，英国国王，1189—1199年在位。因其在战争中总是一马当先，犹如狮子般勇猛，因此人称“狮心王”。理查热衷于十字军东侵及其他军事活动，积极参与第三次十字军东征，在艾尔苏夫重创了阿尤布王朝的苏丹萨拉丁。后因急于回国处理内乱，他匆匆与萨拉丁签署了3年停战协议。但归国途中被神圣罗马皇帝亨利六世扣为人质，1194年交付大笔赎金后方才获释。

背景链接

十字军东征（Crusades），是指欧洲封建主、意大利商人和天主教会对东部地中海沿岸地区发动的侵略性远征，前后共8次，历时近200年。远征参加者的目的各异：封建主和骑士企图掠夺新的领地和财富，商人渴望控制东部地中海的商业，天主教会则力求扩大其势力范围和影响。1095年，教皇乌尔班二世发表演说，以从“异教徒”（穆斯林）手中夺回“圣地”为名，正式号召组织十字军远征。“圣地”（Holy Land），即耶路撒冷（Jerusalem），位于地中海与死海之间犹大山地。相传古犹太王所罗门在此建造“圣殿”后，成为犹太人的政治和宗教中心；基督教相信耶稣被钉死于此；伊斯兰教相信穆罕穆德曾在此登霄。故耶路撒冷被誉为三大宗教的圣城。

攻尤其成功，因为威尼斯人用上了画中描绘的“空中飞桥”（flying bridge），但这一点还有待考证。据称，这些飞桥由船厂制造，宽度足够3人行走，包裹着皮革和帆布，以避免受到投射武器和希腊火的破坏。飞桥悬挂在桅顶，可以直接搭到城墙顶部。使用了这种新颖的武器，威尼斯人一次就攻占了敌人25至30座塔楼，约占整个城墙的四分之一。

埃皮斯科皮海战（1323 年）

Naval Battle of Episkopi

绘画：奥古斯特·艾蒂安·弗朗索瓦·马耶尔（1841 年）

第四次十字军东征的灾难并没有结束罗马天主教国家对“圣地”的觊觎，但随后的东征再也不像前三次那样目标专一。英国人在海外国家[2]保留了一个重要的立足点——港口城市阿卡。1191 年，它被理查一世占领，从此控制在十字军手中长达 1 个世纪之久，直到 1291 年向马穆鲁克军队投降。阿卡的失陷标志了黎凡特[3]地区天主教国家的彻底失败，也让圣约翰骑士团失去了立足之地。圣约翰骑士团是一个强大的独立作战骑士团，有自己的海军，他们遂将目光投向了多德卡尼斯群岛（Dodecanese）中的罗得岛。罗得岛有一座天然良港，位于地中海东端，可以扼守黎凡特地区贸易，地理位置优越。土耳其人几乎立即就认识到，骑士团占据罗得岛将会对奥斯曼帝国（Ottoman）的扩张构成极大威胁，他们派出一支军队前去夺岛。骑士团在塞浦路斯西南沿海的埃皮斯科皮湾（Bay of Episkopi）遭遇并击退了土耳其军队。这幅画描绘的就是那次战役，它也是 19 世纪法

人物档案

马穆鲁克
（Mamluk，或 Mameluke）

即中世纪服务于阿拉伯哈里发和阿尤布王朝苏丹的奴隶兵。随着哈里发的式微和阿尤布王朝的解体，他们逐渐成为强大的军事统治集团，并建立了自己的王朝。十字军东征期间，积极抵抗西方军队，战功卓越，是当时一支令人闻风丧胆的军事力量。

国著名海景艺术家奥古斯特·马耶尔所创作的中世纪海战名画之一。

这次战役只是一系列对土耳其海战胜利中的一次。罗得岛骑士团好斗、暴力，而且愿意与法国、威尼斯合作采取军事行动，一起阻止土耳其扩张。骑士团成为奥斯曼帝国的眼中钉，1444 和 1480 年，土耳其军队两次直接进攻罗得岛，悉被击退。直到 1522 年，骑士团最终被迫放弃根据地。他们逃到西西里，又从那里逃到马耳他。在马耳他，他们采取了比罗得岛更聪明的做法，再次建立了一个防御性的海军基地。他们在马耳他待了超过 250 年。

背景链接

圣约翰骑士团

亦名医院骑士团，全称是“耶路撒冷圣约翰医院骑士团”（Order of the Knights of Saint John of Jerusalem），成立于第一次十字军东征之后，与圣殿骑士团、条顿骑士团并称史上三大著名骑士团。圣约翰骑士团最初成立的主要目的是照料伤患和朝圣者，后来以武力保护朝圣者免受“异教徒”的攻击，并逐渐发展成当地的一支重要军事力量，对耶路撒冷的政局也具有较大的影响力。

《蒙古袭来绘词》局部

Details from the *Moko Shurai Ekotoba*

绘画：土佐长隆、土佐长岫（约 1293 年）

一说起东方的海上强国，人们很容易就与 19 至 20 世纪的日本联系起来，但从 1100 年到 1450 年间，中国海军是当时世界上最强大的海军之一。1200 年间，中国造船者完善了平底船（junk），一种效率极高的船型；一代接一代皇帝不仅利用庞大的舰队来保卫其国内利益，也将中国海军力量投射到了前所未有的广阔范围。

1274 年，成吉思汗的孙子忽必烈率领的汉蒙联合舰队入侵日本。这次海上力量的应用，是最有启发意义的战例之一。来自草原的骑射民族为了帝国的扩张，被迫下海。虽然他们有坚定的决心，也能很快适应海上作战，但两次台风摧毁了入侵部队的船只，导致失败。日本人随即将这些台风称为“神风”（kamikaze）——神灵派来保护其神圣国家的风。入侵失败最终限制了元朝的扩张，并且由此开创了“神风”的神话，它将成为 20 世纪日本海空力量发展及其特征方面的一个重要因素。

这些《蒙古袭来绘词》的画作绘于入侵失败后 19 年，表现了日本武士乘坐小船驶向蒙古舰队，随后登上蒙古战舰，杀死船上的指挥官和船员。这只是日本武士对停泊的蒙古战舰所发动的大量类似的袭击之一，有时候，这些武士会泅水到敌船边发动袭击。

背景链接

《蒙古袭来绘词》
（*Moko Shurai Ekotoba*，*Or Mongol Invasions Scroll*）

日本13世纪创作的卷轴画，配有文字介绍，描述了蒙古远征日本的战争场面。据传为画家土佐长隆、土佐长岫（Tosa Nagaaki）父子二人所作。正本现藏于日本东京皇居东御苑内的艺术博物馆——三之丸尚藏馆。原著中土佐长隆的名字（Tosa Magataka）疑为 Tosa Nagataka。文中提及的汉蒙联合舰队入侵日本，系指1274年，忽必烈令风州经略使、元朝将领忻都，以及高丽军民总管洪茶丘率军远征日本。此次远征军以蒙古人和高丽人为主，还有部分契丹人、女真人和汉人。

矢野兄弟三人
種保

教皇格列高利九世教令局部

Detail from the Decretals of Gregory IX

作者：圣雷蒙德（约 1340 年）

因为描绘了中世纪早期的北欧海战，这部图饰手抄本弥足珍贵。手稿的作者圣雷蒙德（Raymond of Peñafort，约 1175—1275）是教皇亚历山大四世（Pope Alexander IV）的仪式牧师、阿拉贡的海梅一世的告解神父。这部特殊的手抄本是一本教会法典合集，其拥有者可能是史密斯菲尔德（Smithfield，位于伦敦——译注）的巴多罗买教堂（St. Bartholomew's）里的一名教士——约翰·巴泰尔（John Batayle），他请人用大量绘画装饰了整部书。

页面下方空白处显示了两艘战斗中的柯克战船，这是一种特色独具的中世纪单桅帆船，平底、高干舷。因为登船是最有效的战术，高度成为一项显著优势，因此战船在艏艉建有画中这种独特的船楼。两名弓箭手站在左边船尾，两人在船头互搏，他们的武器也许是棍棒。这是一个强有力的提示，说明中世纪海战其实是在海上进行的陆战，但有一项根本区别：一旦两船在战斗中相遇，船上的士兵通常会就地激战，因此，与陆战不同，海战双方都是背水一战，无法撤退或逃跑。

这本手稿创作于 1340 年左右，史称“百年战争”的英法冲突爆发 3 年之后。左边那艘被认为是英国船，因为弓箭手把长弓的弓弦拉到耳边，这是典型的英国弓箭手的武器和技术。

人物档案

阿拉贡的海梅一世
（James I of Aragon，1208—1276）

又称“征服者海梅一世”（James I the Conqueror），是阿拉贡国王、加泰罗尼亚亲王、马略卡国王、巴伦西亚国王、巴塞罗那伯爵和蒙彼利埃领主。海梅一世是西班牙历史关键人物，在国内政策方面，他致力于加强王权和维护国家的独立，对外则发动战争，夺取土地；同时又支持商业，鼓励教育。他在位期间，阿拉贡王国实力有了显著的增长。

背景链接

百年战争
（Hundred Years' War）

指爆发于 1337—1453 年英、法两国之间战争，长达 116 年，是世界历史上最长的战争之一。起因是两国争夺富饶的佛兰德斯（Flanders），以及英国在法国境内所占据的领地。战争以英国失利告终，除加来港外，法国收复了英王在法境内的全部领地。“百年战争”对双方的人民来说都是大灾难，期间又逢黑死病爆发，两国受到战争和疫病双重打击，普遍经济重创，民不聊生。战争的结束也是中世纪结束的标志之一。在战争过程中，双方的武器装备、战争体制、战术思想都有缓慢而深刻的改变。

东安格利亚《勒特雷尔圣诗集》局部（约 1325—1335 年）

Detail from *The Luttrell Psalter*, East Anglia

装饰手抄本的页边插图常常表现出中世纪生活的有趣细节。但描写中世纪海上生活的插图存世稀少，本图即是其一。画面上两人正在挂一张吊床。其时吊床似乎尚未普及，例如这张图绘制 120 年后的 1545 年，“玛丽·罗斯”号沉没了，在其残骸中并没有找到一张吊床。但我们知道，1492 年，哥伦布到达加勒比海的航行日志中就曾提到吊床。直到 17 世纪 40 年代，吊床才成为标准的船用卧具。

背景链接

《勒特雷尔圣诗集》
（*Luttrell Psalter*）

杰弗里·勒特雷尔爵士（Sir Geoffrey Luttrell）主持编著的一本装饰手抄本，因而得名。手抄本约于 1320—1340 年间成书，为多位艺术家合力之作。该书装饰华丽，并记录了许多 14 世纪英国的乡村景象与日常生活场景，非常具有历史和艺术价值。现为大英图书馆馆藏，被誉为镇馆之宝。

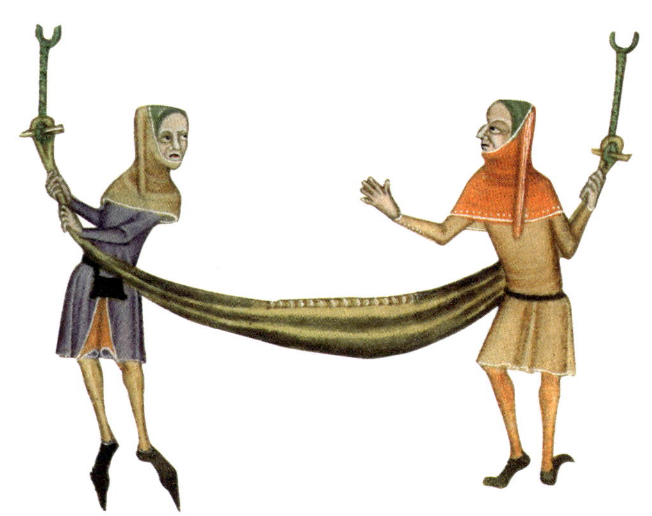

斯鲁伊斯海战（1340 年 6 月 24 日）

Battle of Sluys

选自《傅华萨[4]闻见录》复制本局部（约 1470 年）

中世纪海战的另一个特征是，这些战斗通常是在沿岸水域进行的，1340 年斯鲁伊斯海战就是一个极好的例子。“百年战争”早期战役的一个典型特点是法国拥有强大的海上霸权。腓力六世对海军价值深有体会，当他强大的加莱舰队得到租来的热那亚战舰补充时，他的海军在英吉利海峡两岸肆无忌惮地袭击英国属地。腓力六世同时还在斯海尔德河（Scheldt）河口准备了一支军队，并且开始收集运输船，准备进攻英格兰。对此，英国海军起初毫无防备，嗣后亦反应迟缓。但到 1340 年时，英国人不仅几次战胜了来袭的法国和热那亚加莱战船，并且到仲夏时，爱德华三世在东岸靠征用的商船成功地组建了一支舰队。

爱德华三世的舰队最终驶向佛兰德斯时，尚未意识到自己正一头驶向一支入侵大军。双方都得到侦察兵或渔民的示警。法国舰队将领把舰队排成三条坚固的队列，头朝北海[5]，每条船与邻船绑在一起。与此同时，英国人却决定放弃法国人严阵以待的斯鲁伊斯航线，转而驶向北边的斯海尔德河口，这样他们就能从东面发动进攻。黎明时分，英国舰队出现，他们的战舰后方是冉冉升起的火一般的夏日骄阳。法国弓弩手被晃花了眼，而他们自己的船却清清楚楚地暴露在数不清的英国长弓手面前。法国人遭到英军突袭，又看不清目标，因而军心溃散。这是一场非同寻常的大胜。对战果的估计各不相同，一般认可的数字是法国损失了 160 至 190 艘战舰和 1.6 万至 1.8 万人。

这幅画选自傅华萨撰写的一部法文手抄本，其中的文字是对这次海战最引人入胜的描绘之一。和所有描述中世纪战役的文字一样，许多细节的

Quant le roy dan
gleterre & ses ma
reschaulx eurent
ordonnees leurs
batailles et leurs navires
moult richement & sagement
Ilz firent tendre et traire
les voiles contremont et vin
drent au vent de quartier
sur dextre pour avoir lavantage
du souleil qui en venant
leur estoit ou visaige. Si
saviserent que ce leur pouoit
trop nuyre et detrayerent ung
pou et tournoyerent tant quilz
leurent a leur voulente. Les
normans qui les veoient
tourner sesmerveilloient
pourquoy ilz le faisoient &
disoient ilz resongnent et
recullent Car ilz ne sont
pas gens pour combattre a
nous. Bien veoient les nor
mans par les banieres que le
roy dangleterre y estoit per
sonnelement. Si mirent
leurs vaisseaulx en bon estat
Car ilz estoient saiges en

人物档案

腓力六世
（Philip VI，1293—1350）

法兰西国王，瓦卢瓦王朝建立者，1328—1350年在位。查理四世去世后，继位者有两位候选人：安茹伯爵腓力和英格兰国王爱德华三世。前者是法兰西国王腓力三世的孙子，后者是查理四世的外甥。根据当时的继承法，女性及其后代无权继承一切封号，腓力最终获得了王位。他的登基受到爱德华三世挑战，该争端后来发展成“百年战争”。

人物档案

爱德华三世
（Edward III，1312—1377）

爱德华二世之子，英格兰国王，1327—1377年在位。其母法兰西的伊莎贝拉与马奇伯爵罗杰·莫蒂默合谋废黜了爱德华二世，他继承王位，但实权掌握在伊莎贝拉和莫蒂默之手。1330年他控制了王国，放逐了伊莎贝拉，处死莫蒂默。他支持觊觎苏格兰王位的爱德华·德·巴利奥尔，打破了英苏和平，又挑起了同法国的“百年战争”。

真实性无法确定，但傅华萨的描写紧凑、生动。而且，保存在巴黎国家图书馆（Bibliothèque Nationale）的这个特别版本是现存插图最丰富的版本之一，据信这些图画是当时最优秀的布鲁日[6]艺术家卢瓦塞·利耶德（Loiset Lyédet）绘制的。然而，利耶德是在斯鲁伊斯海战130年后的15世纪70年代绘制的这些作品，所以画中14世纪40年代士兵所穿的盔甲描绘得并不准确，但他创作出的混乱感和战斗中的拥挤感，与他描绘的在船间移动的困难和危险一样令人印象深刻。请特别注意，战斗桅楼上那些人拿着的是名为“尖头棒”（gad）的铁制长标枪。

纪念斯鲁伊斯海战的钱币（1340 年）

Coin Commemorating the Battle of Sluys

爱德华三世铸造了一系列纪念币，庆祝他在斯鲁伊斯的胜利。这里展示的是其中一枚。当年夏天，胜利规模之大及其宣传之广泛，以至英国人开玩笑说：因为海里的尸体太多，连鱼都说起了法语。战役后不久，爱德华三世写信给儿子说，尸体“摆满了佛兰德斯海岸”。

背景链接

佛兰德斯（Flanders）

欧洲历史地区名，包括今比利时的东佛兰德省和西佛兰德省，以及法国西北部和荷兰南部的部分地区。历史上，英法两国为争夺该地区，导致了“百年战争”。该地区的居民叫做佛兰芒人（Flemish）。

老迪博尔德·席林的《伯尔尼编年史》局部及《英格兰史》局部

Details from *The Berner Chronik & Chronique d'Angleterre*

作者：老迪博尔德·席林（1483 年），及让·德瓦夫兰（约 1470 年）

如斯鲁伊斯海战所展示的，中世纪海战更多关注河口和内河，随之而来的是以所谓转运港为中心的战略。转运港的意思是，海船到达这些地方后无法深入内陆，船上的货物必须在此转到内河船上。斯鲁伊斯通向斯海尔德河口，但它护卫着达默（Damme）港——一座通往布鲁日的转运港。因此，这些转运港可以用海上战舰攻击，而准备用作海外贸易的财富也将成为目标。中世纪战舰的海上进攻能力，尤其是在外海拦截敌船的能力极其有限，因此，通过进攻这些港口，这些战舰可以最大限度地利用它们的高度和兵力优势，

人物档案

查理六世
（Charles VI，1368—1422）

查理五世之子，法国国王，1380—1422 年在位。因查理六世患有精神病，他在位年间，法兰西王国陷入一片混乱。英格兰国王亨利五世趁机于 1415 年重新发动“百年战争”，打败法国，查理六世被俘，被迫签署条约，让位于亨利五世。

增加成功机会。

河口和内河在中世纪的另一个重要意义是：它们可以用来运送军队深入内陆。爱德华在斯鲁伊斯的胜利无法撼动法国在北欧的海上力量，但它无疑限制了法国干扰爱德华向欧洲大陆运送军队的能力，那里是“百年战争”的主要战场。战争需要的不仅是运送军队，还得用连续不断的供应维持军队战斗力。到15世纪中期，这些船舶的作用越来越重要，因为军队再也不是仅由数量有限的骑兵支援的进攻部队，而是通常由大量重型攻城装备支撑的全面进攻。这里的手抄本《英格兰史》插图（见第二幅图）表现了卢瓦尔河（Loire）边一座兵营，还有一支协同舰队。卢瓦尔河是战争期间最重要的“界线”，1415年阿金库尔战役（Battle of Agincourt）之后，它成为一条界河，亨利五世控制了卢瓦尔河以北，查理六世控制了其以南地区。这部手稿的作者是让·德瓦夫兰，一位参加过阿金库尔战役的法国编史者。

人物档案

亨利五世
（Henry V，1387—1422）

英国国王，亨利四世之子，1413—1422年在位。他登上王位后不久就重新发动“百年战争”，击败法军，成为法兰西摄政，取得了中世纪任何一位英国国王都未取得过的军事辉煌。

摘自《伯尔尼编年史》的插页，大体描绘了中世纪时对转运港的攻击战术。

《英格兰史》中的插图，表现了卢瓦尔河中的舰队与河畔的兵营。

威廉·索帕的账目和库存表（部分）（1422—1427 年）

Detail from the Accounts and Inventories of William Soper

1422 年，亨利五世去世，这是英国海军的不幸。虽然他的统治只有 10 年，但在这 10 年中，他比所有前任国王都努力，致力于建设一支能摧毁法国海上霸权的海军。他不再建造仅能把军队运到法国的驳船，而是开始打造巨型战舰，以彰显声威和军力。实际上，中世纪最优秀的战舰“神圣上帝”号（*Grace Dieu*）就是亨利五世统治期间建造的。当时见到它的人都对它的雄伟惊叹不已，而直到勘测过它躺在南安普敦附近汉布尔河（River Hamble）的残骸之后，现代历史学家的怀疑才被打消。这些勘测证明，它的主桅高达 200 英尺，它比亨利八世近 1 个世纪后建造的“玛丽·罗斯”号几乎大 3 倍，并且在其后的 200 年间，再也没有建造出规模可与之媲美的战舰。

亨利六世继位后，英国政府既没有资金，也没有意愿来维持这样一支舰队。我们之所以了解到大量关于这一时期的事情，是因为有一套制作于 1422 年到 1427 年间的账目和库存表保存了下来，它由国王船队管理人（Keeper of the King's Ships）威廉·索帕（William Soper）所编制。这些图表被装订成卷，后图是库存表的书名页，译成现代英语如下：

亨利六世国王陛下船舶保管人和管理人威廉·索帕账目明细，由盖有御玺的诏书授权编制……有关存放于伦敦、南安普敦或其他地点仓库中的各种设备、藏品和其他物品……及有关所有各种战舰、驳船、炮艇、小艇和其他各种船舶……以及它们的设备……最近一起出售……或出租……或于海上被掳去或遭抢劫……

正文下方开始了账目记载：

铁标枪（一种矛），用于从皇家战舰“特利尼特·里亚尔”号（*Trinitee Riall*）桅楼投掷：15

名为“玛丽”（marie）的巨锚，来自同一条船“特利尼特·里亚尔”号：1

损坏的火枪，没有后膛，来自伦敦仓库：2

这些库存表编制后不久，亨利五世的海军便四分五裂，除了几艘巨型战舰外，大部分船都被出售还债。因为没有维修保养资金，这些巨舰被丢弃在充满淤泥的内河中，渐渐腐烂。10年后，停泊在汉布尔河的“神圣上帝”号被雷电击毁。每当落潮时，依然可以看到戳在淤泥中的木料。

人物档案

亨利六世
（Henry VI，1421—1471）

亨利五世之子，是兰开斯特王朝的最后一位英国国王，1422—1461年与1470—1471年期间在位。他因患有间歇性精神病，自己无法进行有效统治，治国之道日益不得人心。1460年，他在与约克王朝进行的南安普顿战役中被俘，次年被爱德华四世废黜。1470年，亨利六世曾一度复位，不久再次被击败，随后被杀。

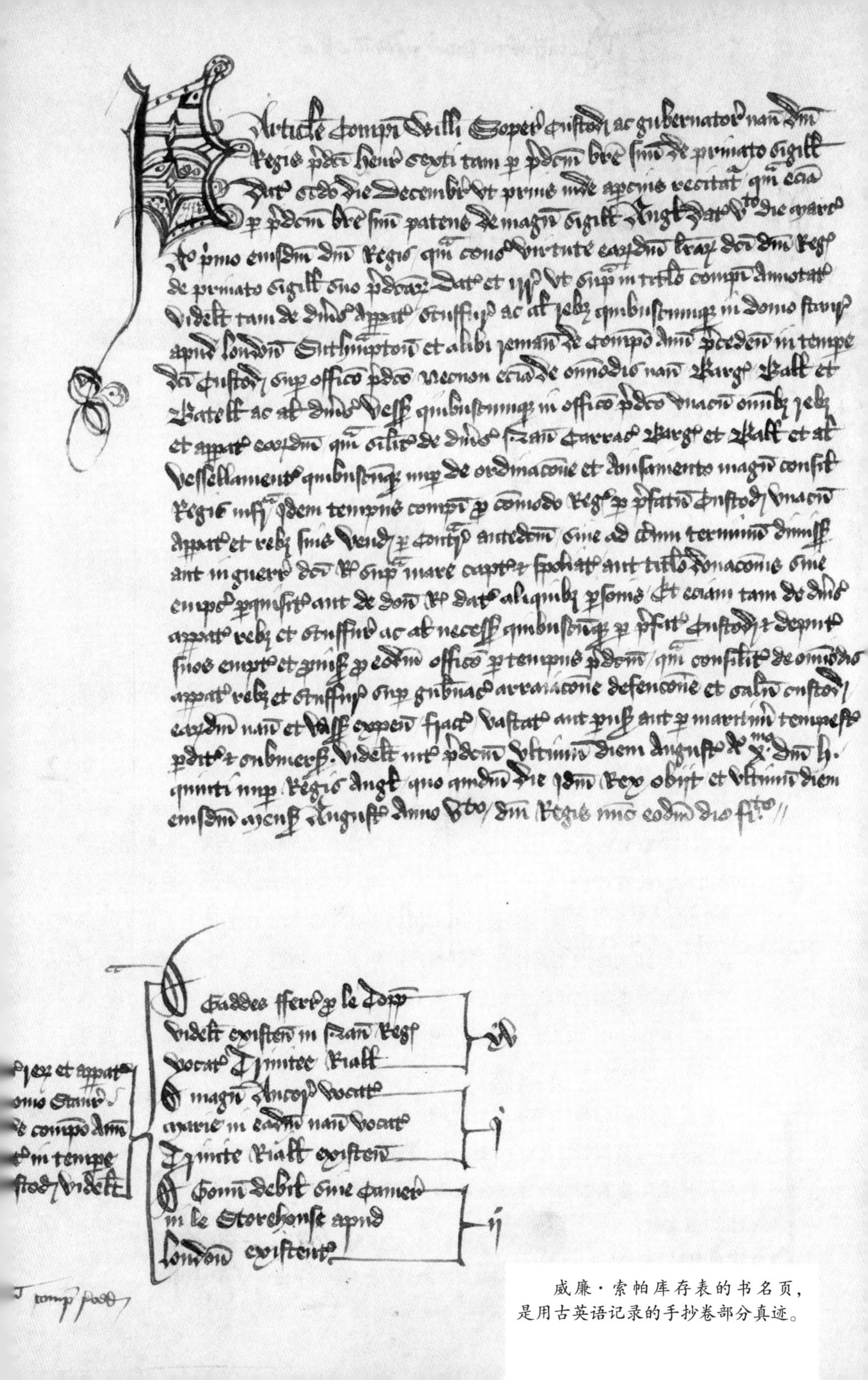

威廉·索帕库存表的书名页，是用古英语记录的手抄卷部分真迹。

佛兰芒卡瑞克帆船版画

Engraving of A Flemish Carrack

绘画：（可能是）威廉·克鲁西斯（1468 年）

这是一艘卡瑞克帆船，15 世纪早期的某个时候，这种船型代替了单桅柯克船，成为之后一个世纪北欧海军控制水域的主要战舰。这幅画是当时最优秀，也是最早描绘卡瑞克帆船的作品。与柯克船不同，卡瑞克帆船有多根桅杆，这里是 3 根，最大的船有 4 根。这些增加的桅杆带给船长对船舶前所未有的控制能力，不管是商船还是战船，这种控制都是一项巨大优势。一个区别卡瑞克帆船与其前后船型的典型特征是它高耸、突出的艏楼。

> **人物档案**
>
> **勇士查理**
> **（Charles the Bold，1433—1477）**
>
> 瓦卢瓦王朝的勃艮第公爵。法国国王路易十一致力于完成法兰西的统一，勇士查理则努力扩张勃艮第公国的力量。为得到英格兰的支持，勇士查理与英王爱德华四世的妹妹——约克的玛格丽特（Margaret of York）结婚。

这条看上去是一艘商船，但依然装备着伸出艉楼平台的大炮，以及随时可以从战斗桅楼投掷的长标枪。还有一门安在后桅杆的单回旋炮，船首斜桁上还挂着一只锋利的抓钩。前桅楼似乎有某种防登船网，主桅楼有一副滑轮，挂有口袋，里面可能装着易燃物。它的帆索已开始呈现出十七八世纪风帆战舰的雏形，侧支索用成排的 3 孔滑轮固定在船体上。但是，他们还没想到利用侧支索作为爬到桅顶的架子——船上没有横索梯绳，图中的桅杆要通过架在甲板上的梯子爬上去。船侧的大洞是一个货舱口，有趣的是，它位于船体较低的位置，说明这条船有两层甲板。支出船尾的两个岗亭可能是厕所。

有人认为这幅版画是给木匠的图纸，他们正准备为勃艮第的勇士查理和约克的玛格丽特 1468 年的婚礼庆祝活动建造 30 艘大型卡瑞克帆船。这幅出自佛兰芒的版画现保存在英国牛津的阿什莫林博物馆[7]。

W A
kraeck.

《比彻姆画卷》局部（约 1483—1492 年）

Details from *the Beauchamp Pageant or Warwick Roll*

这些画来自《比彻姆画卷》，中世纪最令人着迷的文件之一。作为 15 世纪艺术作品中的独特之作，这本画卷描绘了一位贵族——理查德·比彻姆伯爵的生活。其历史价值在于那些与文字相配的精美绘画，它们涵盖了极为广泛的主题：从服装和休闲活动到陆上和海上战争。一度曾有人认为，这些保存下来的图画只是其他更华丽作品的草图，如装饰手抄本或挂毯。但最近的研究表明，这些制作精良的画本身就是艺术作品。画中的服装描绘得极为细致，历史学家甚至能根据服饰确定无名人物的社会地位。对于航海历史学家而言，其价值在于它对中世纪船舶无与伦比的描绘。

第一幅画描绘了一场海战，交战双方为左边那艘英国战舰和两艘法国（也许是热那亚）战舰。这次战斗发生的时间、地点不明，有可能表现的是 1416 年的阿夫勒尔海战（Battle of Harfleur），理查德伯爵参加了那场战斗。阿夫勒尔刚刚被亨利五世占领，一支庞大的法国和热那亚联合舰队已经集结，准备夺回它。英国在这次海战中大获全胜。

这幅画中显示了 3 艘卡瑞克战舰，但只能看到其中 2 艘的船体。第三艘的战斗桅楼高高显示在画面上方。从飘扬的理查德伯爵军旗和主帆上装饰的徽章可以判断出来，左边那艘是英国战舰。但我们怀疑这面军旗并不是理查德的，因为有一张 1437 年的军旗发票保存下来，上面写着：“一只巨熊和怪兽握

Here howe Erle Richard in his comyng into England. wanne ij greet Carykkes in the See.

人物档案

《比彻姆画卷》

又称《沃里克手卷》，是一部比彻姆家族早期的编年史，内容以中世纪的英国贵族、军事指挥官、第 13 代沃里克伯爵理查德·比彻姆（Richard de Beauchamp, 13th Earl of Warwick, Count of Aumale, KG，1382—1439）的生平大事为主。

着一根歪歪扭扭的旗杆，歪歪扭扭的旗杆上涂满粉；一只巨大的圣乔治十字架；加上绘制，支付 1 英镑 6 先令 8 便士。”

英国长弓手排在理查德战舰舷墙边，另一个站在船头。面对他们的是一个法国士兵，站在自己的船头，持矛待攻，他的盾已被英军射穿。他后面是一群弩手，也许是热那亚人——我们知道，在阿夫勒尔海战中，一艘叫“黑山”号（*Black Mountain*）的热那亚战舰上有 200 名弩手。弩手的弩刚刚射出去。在他们上方，一个士兵举手投石，被一支英国箭射中胸部，另一个正准备投矛，更多箭在向他飞去。

第二幅画表现了两条船遭遇一场风暴。汹涌的波涛高高越过船身，下方那条船被推向嶙峋的礁石，水手在对天祷告。注意：这幅画中，船的腰部放置了 3 门火炮，此时离水密炮门的发明也许还有 80 年时间。上方一条是理查德的船，风暴中，他与妻子和 12 岁的儿子绑在桅杆上祈祷。理查德穿着他的纹章外套，这样，当他一家的尸体被找到时，会根据他们的社会地位安排一场恰当的葬礼。值得注意的是，2 艘船都有装饰的艏艉楼和 4 根桅杆。帆已经卷起，桅桁放低，这是船遇到风暴的通常做法。虽然经历了惊心动魄的时刻，但理查德一家逃过此劫。

[H]ere shewes howe Erle Richard / when he wt his lady toke the salt water. in
[s]hort space rose a grevous tempest and drofe the shippe into dyuerse costs. in
[s]o moch that they al. fered to be perisshed / And the noble Erle for distresse
[l]ete bynde hym self and his lady / and hem his sone Henry
[a]fter due of warre with. to the mast of the vessel. to thentent
[t]hat where eu they were founde / they myght haue been
[b]uried to gedres. worshipfully by the knowlege of his cote
[a]rmur & oþ signes vppon hym / but yet god preserued hem al
[&] so retorned to England and after to Normandy

木刻画《佐奇奥海战》

Woodcut of the Battle of Zonchio

绘画：佚名画家，约创作于 1499 年

15 世纪 20 年代后，英国造船业一蹶不振，而在地中海，威尼斯、热那亚和土耳其人的海军霸权竞争给海战发展带来一些重要进步，也导致一系列激烈战役的发生。1453 年，土耳其人占领君士坦丁堡，同时获得了一个优良港口以及拜占庭舰队的军火库和船厂。起初，土耳其人满足于对巴尔干地区的控制和巩固，但不久后，野心便驱使他们再次转向西方。1499 年，一支由 277 艘战舰组成的土耳其舰队，在达乌德 · 帕夏（Daud Pasha）的率领下驶向希腊西海岸的勒班陀（Lepanto），为正在攻击威尼斯定居点的土耳其军队提供重要补给和增援。

他们遭遇了安东尼奥 · 格里马尼（Antonio Grimani）率领的一支规模略小的威尼斯舰队。双方都是令人不安的混合舰队，由形式不一、大小不同的加莱战船组成的，还有一些风帆战舰，其中最大的巨型卡瑞克战舰至少有 1800 吨级。如这幅当时在威尼斯制作的木刻画显示的，战役以几艘最大的战舰为中心。这幅画是极其珍贵的资源，详细、清楚、可靠，这些特征在 15 世纪海战的描绘中极为罕见。这场战役同样不寻常地被当时的目击者和编史者完好地记录了下来。

画面的背景有一艘土耳其卡瑞克战舰，排列在舷墙边盾牌上的新月标志清晰可见，船员佩戴着独特的土耳其刀和头巾。战舰指挥官，海盗凯末尔 · 阿里（Kemal Ali）站在上层后甲板上指挥战斗。在桅楼上战斗的士兵正向下方甲板投掷长矛、箭、石块和桶，桶里可能装着生石灰或燃烧物。画上 3 艘船都装配有大量的轻型熟铁射石炮，画面前端两艘威尼斯战舰的船体背景上，可以清楚地看到射出的石块。在它们下方接近海平面位

置，一群加莱战船加入战斗。它们的船头装备着火炮，一个正在攀登左边威尼斯战舰的士兵中箭。画上显示所有 3 艘战舰都装有防登船网，这让登船进攻更为困难。

双方的指挥官很快都发现，船型的差异为他们指挥和控制舰队造成了很大的麻烦，随之而来的违反军纪的问题也令他们困扰不已。战役没有发展为一场全面战斗，而是一直集中于几艘大型卡瑞克战舰。在某个阶段，一场大火从土耳其战舰蔓延开来，最终烧毁了所有 3 艘卡瑞克战舰。画上可以清楚地看到火焰。最终，威尼斯人进攻失败，奥斯曼舰队得以增援勒班陀，这座城市不久后就投降了。这是地中海历史上的一个重要时刻。土耳其海军宣布了他们进一步西扩的欲望，并且展示了他们的决心。更为重要的是，这是有史以来第一次在海战中巨型风帆战舰使用舰载加农炮。

NAVE·LORDANA·
CHMALI
A·PANDORA·

NAVE·DELARMER·
AVE·TVRCESCHA

《安东尼画卷》中的“伟大哈里”号（1546 年）

The *Harry Grace à Dieu* from *the Anthony Roll*

亨利八世在英国战舰史上的作用极其重要。在他之前，为保护王国和扩张英国海外利益，理查一世和亨利五世都曾坚定地支持海上力量的发展。其他许多国王即使对海上霸权一知半解，也曾从中获益。但是让亨利八世与众不同的，是他创立的常备海军和它延续至今的传统。因此，恰如其分地，对亨利八世海军的记录异常丰富，因为有一套完整的、图文并茂的海军清单保存至今，它的制作人是在亨利八世军械部（Ordnance Office）工作的安东尼·安东尼（Anthony Anthony）。今天，我们称它为《安东尼画卷》（*The Anthony Roll*）。画卷分成两部分，一半在不列颠图书馆，另一半曾经由塞缪尔·佩皮斯拥有，现存于剑桥大学莫德林学院（Magdalene College）的佩皮斯图书馆（Pepysian Library）。

这是亨利八世舰队中最大的一艘战舰，“伟大哈里”号，一艘近 1500 吨的巨型卡瑞克战舰。正如安东尼笔下所描绘的，这艘船是亨利八世威望的象征，他在绘画材料方面也毫不吝惜。飘扬的军旗和部分火炮的框边原来镶嵌着银条，如今已氧化成黑色。锚的反光及某些部位的木制品一度用黄金点缀。因为安东尼在军械部工作，

人物档案

亨利八世
（Henry VIII，1491—1547）

英国国王，亨利七世之子，1509—1547 年在位。亨利有 6 位妻子，分别是：阿拉贡的凯瑟琳，安妮·博林，简·西摩，克利夫斯的安妮，凯瑟琳·霍华德和凯瑟琳·帕尔；其中，处死两位，离异两位。第一次离异，即与阿拉贡的凯瑟琳离异，遭到教皇反对，导致英国与罗马天主教会的分裂。亨利八世一般被视作英国皇家海军的创始人之一。在他的统治下，海军参与了一些重要战役，也兴建了几座海军专用船坞和造船所，并将火炮装载在船舱、配备专门的战斗水手；但他并没有建立正规的海军组织、军阶和军需制度，其主要成就还是在建造战船。

他大部分专业知识都与种类繁多的船载大炮有关，你可以看到船上排满了火炮。所附的文字中列出了不同型号的7种铜炮和8种铁炮。请特别留意从船侧伸出的大炮——炮门已经问世。还请留意用一根铁链连在船首斜桁最前端的尖锐锚爪。

《安东尼画卷》中的图画对我们了解都铎王朝的海军旗帜尤为有用。它们的一个醒目特征是悬挂在桅杆上的巨幅军旗。与比彻姆伯爵的军旗类似，它们顶部都有一个圣乔治（St. George）十字，但这里用的是都铎王室旗帜的绿白条纹。虽然看上去不太可能，但安东尼并没有夸大这些军旗的尺寸。我们从国王的画家约翰·布朗（John Brown）的描述中了解到，他为“伟大哈里”号制作的军旗长达51码[8]多，只比船身短了13英尺。

背景链接

都铎王朝
（Tudor）

自1485年亨利七世登基到1603年伊丽莎白一世驾崩期间的英国王朝，历时近120年，共经历了5代君主。都铎王朝厉行专制主义，同时也实行了一些有利于资产阶级的政策，被认为是英国历史上君主专制制度发展的黄金时期。

The Harry Grace a Dieu
For the Harry Grace a Dieu Ordenaunce Artillary Munycions Habillimentes for the Warre
Gonnes of Brasse
Gonnes of Yron
Gonnepowder
Shotte
Portepecys xiiii
Slyngs iiii
Fowlers viii
Hagbusshes lx
Toppe pece ii
Hayle shotte peces xl
Handgonnes complete c
Serpentyn powder in barell
Corne powder in barell vi

of the kyngs Maiesties owne Shyppes wt euere Shyppe and Shyppes
en. As also the Ordenaunce Artillary Municions and habillment
f euery of the sayd Shyppes agaynst theyr enemys vppon the See.

That ys to saye

Men

Souldiours cccxlix
Maryners ccci
Gonnars l
vijc

...of Stone
...eade

on peces ix
...ys ccc
... c
...pece xl
... [illegible]
...ade
...nnes
...ade [illegible]

Bowes Bowestrynge Arrowes Morrys pyke Byllys Dartts for toppys

Bowes of yough vc
Bowestrynge x grosse
Lyvere Arrowes in shevys viijc
Morrys pykes cc
Byllys cc
Dartts for toppys in dossens c

Municions

Pykehamers xx
Sledgys of yron xij
Crowes of yron xij
Comaunders xij
Tampions v m
Canvas for cartowches xx ells
paper ryall for cartowches iij quayr
Fourmes for cartowches vj

Habillments for W...

Ropes of hempe for wolyng & bretchyng
Nayles of sundere sortes
Bagges of ledder
Fyrkyns wt purses
Lyme pottes
Spare whelys
Spare truckells
Spare extrys
Shepe skynnes
Tymber for forlockes and koynnes

《安东尼画卷》中的“加莱叙布蒂耶”号（1546 年）

The *Galley Subtille* from *the Anthony Roll*

这是《安东尼画卷》中最不寻常的一幅图画。它描绘的是“加莱叙布蒂耶”号，这是借用法国海军的一个一般术语，意为“窄加莱船”。两个原因让它不同寻常。首先，它是整幅画卷上 58 条船中唯一一条绘出船员的船，甚至仔细描绘了监工：他戴着帽子，身着有盾徽的宽下摆紧身上衣和宽松马裤，正在为 48 位桨手打拍子；画中还有一座特别精美的金色布篷，装饰着国王的徽章和四面圣乔治十字圆形饰物。第二，它出现在画卷中一个不寻常的位置：其他绘有桨的 13 条船都画在第三及最后部分，然而“加莱叙布蒂耶”号在第二部分中间，被围在没有画出桨的加莱赛战舰[9]中间；而且，它所占的篇幅比其他任何一条船都大。如果三部分画卷像起初计划的那样叠放在一起，“加莱叙布蒂耶”号则成为整幅画面展示的焦点。“加莱叙布蒂耶”号是亨利八世最喜爱的一条船，心思缜密的艺术家投其所好，显然在动笔前做了精心的设计构图。

亨利八世特别喜欢个人形象的展示，喜欢对他的战舰、他的海军的展示，以及对都铎王朝的辉煌和力量的颂扬。因此，《安东尼画卷》是一部特别有力的艺术作品，它不只是对亨利八世海军的一份精彩的记录，还是国王本人精神的体现。

Shotte of yron
Shotte of Stoen and leade
Monicions
Habillimentes for Warre
Men

《亨利八世在多佛登船》（1520年）

The Embarkation of Henry VIII at Dover

绘画：佚名画家，约创作于1545年

1518年，法国国王法兰西斯一世与英王亨利八世签署一项条约，保证双方交好并且让他们的子女通婚，其时法兰西斯的儿子甚至都不满两岁，而亨利的女儿玛丽才3岁。两位国王从未谋面，他们决定在欧洲大陆英属加来[10]安排一次会见。这次欧洲中世纪历史上无与伦比的聚会，堪称一场集娱乐、音乐、葡萄酒和美食为一体的盛宴，为两个王室同时提供了随心所欲展示威望与显赫的机会。英国人建起一座临时城堡，法国人则支起一座帐篷城市，这次奢华事件被称为“金衣场”（Field of the Cloth of Gold）。这次会面在政治上的影响微不足道，有人认为，最初两位君王都对对方那位可怕的同龄竞争对手充满了好奇，但通过这一事件，好奇被转化成怀疑和不信任，而不是友谊和忠诚。也许这种状况一直存在，也很有可能，这

人物档案

法兰西斯一世
（Francis I，1494—1547）

法国历史上最著名也最受爱戴的国王之一，1515—1547年在位。在他统治时期，法国繁荣的文化达到了一个高潮。军事上，他在与神圣罗马帝国皇帝查理五世的战争中失败。

次会见的目的本身就存在着欺骗性，所提议的相互理解也从不存在。这次会面后不久，法兰西斯一世开始在加来以南10英里的阿德尔（Ardres）修筑城堡，所用木料正是来自他的帐篷——这些木头太重了，根本无法用于行军帐篷。

尽管如此，这是一次异常激动人心的事件，这一点毫无疑问，并且这幅画极好地表现了这种情绪。它主要描绘了亨利八世在多佛登船的情形。画面上可以看到他在背景里（右方稍远处）的一艘彩帆船中部。据说这艘四桅卡瑞克战舰就是“伟大哈里”号。虽然可以明显感觉到一种忙碌的节庆气氛，这里的细节并不可靠。夸张的船缘内倾和陡峭的船尾不合实际，而且我们确知，这么大的船根本进不了浅水的多佛港，而图中描绘的地方离多佛城堡仅一箭之遥。

人物档案

英格兰女王玛丽一世
（Mary I，1516—1558）

亨利八世的女儿，1553—1558年在位。与法兰西斯一世之子订婚3年后，婚约便宣告无效。登基后，她恢复了天主教在英国的正统地位，残酷迫害其父提倡的新教盎格鲁派教徒，有“血腥玛丽”之称。

朴次茅斯[11]附近的英军营地

The Encampment of the English Forces near Portsmouth

詹姆斯·巴西尔雕刻于1788年的版画，取材自佚名画家绘于1545年的油画

因为有了诸如《安东尼画卷》和《亨利八世在多佛登船（1520年）》这些图画的指引，当1545年7月19日，英国舰队最好的战舰之一“玛丽·罗斯”号在索伦特海峡（Solent）岸边目力所及之处倾覆沉没时，我们很容易就能感受到那种巨大的震撼。虽然不及“伟大哈里”号庞大，“玛丽·罗斯”号依然是一艘声名显赫的四桅双层甲板战舰，它承载的，不仅是400多名船员，还有国家的希望和君主的声望。

它沉没时，英国舰队正准备抗击法国对朴次茅斯的进攻和对英国本土的入侵。法国舰队由风帆战舰和加莱战舰组成，总数约有175艘，这支笨重的混合舰队绕过怀特岛（Isle of Wight），组成几支分舰队。英军做出反应，但当他们起锚航行、各船正要执行正确的御敌方针时，“玛丽·罗斯”号突然倾覆沉没。快速沉没的船体深深陷入索伦特海峡的淤泥中，这些淤泥将保护它免遭自然因素的侵蚀达4个多世纪。根据当时的记载，只有不到40人得以幸存。现在认为，它的沉没是因为一系列改装改变了原始设计，让它变得不稳定：它没有在这之前沉没已属侥幸，而且即使不在那天沉没，它也会在索伦特海战（Battle of the Solent）之后很快沉没。

这幅画的原作已经失传，这是18世纪的复制品，表现了“玛丽·罗斯”号沉没的那一刻。画面显著位置，法国加莱战舰正与英国旗舰“伟大哈里”号交战，而“玛丽·罗斯”号就在绍斯西城堡（Southsea Castle）对面，桅杆伸出海面，一位海员孤零零地爬在桅杆上。画

人物档案

亨利七世
（Henry VII，1457—1509）

英国国王，1485—1509年在位，通称“亨利·都铎”。他是亨利六世同母异父弟里士满伯爵埃德蒙·都铎和兰开斯特公爵约翰·冈特的孙女玛格丽特之子，被视为兰开斯特派首领。1485年，杀死约克王朝国王查理三世，夺取王位，建立都铎王朝。

中也充满了对都铎王朝生活细节的描写。这幅画是御马长官（Master of the King's Horse）安东尼·布朗爵士（Sir Anthony Browne）委托绘制的，他就在画面中央，骑着白马走在亨利八世身后。请特别留意画面最右边的港口。亨利七世需要一座优质船坞供海军船舶使用，1492 年，他在朴次茅斯建设了船坞，这里显然没有画出。亨利七世还为该港建造了一座巨大的海军仓库和防御工事。因此，虽然建立英国第一支常备海军的功劳归于亨利八世，但其父为他提供了一些基础设施，如在朴次茅斯留下了一个基地。

“玛丽·罗斯”号沉没时的情景。

亨利八世和委托绘制这幅画的安东尼·布朗爵士在一起的场面。

从“玛丽·罗斯”号发掘的 27 只木制啤酒杯中的 1 只，及 157 只鞋中的 5 只

One of 27 Wooden Tankards and Five of 157 Shoes Recovered from the *Mary Rose*

1971 年夏，“玛丽·罗斯”号重见天日。它躺在索伦特海峡厚厚的淤泥中，这一点阻止了哪怕是最小的海洋生物吞食船体和船上物品。近一半船体幸存并出土，与发现的所有船上物品一起展示在朴次茅斯皇家海军博物馆（Royal Naval Museum）。它是世界上展示的唯一一艘 16 世纪战舰，现在，独特葡萄酒瓶形状的中世纪卡瑞克战舰，在常年充满聚乙二醇的迷雾中若隐若现——那是一种能保护饱水木料的化学物质。

出土物品的数量和质量令人惊讶：计有从丝帽到羊毛袜不等的 655 件服饰类物品。157 只鞋中的 70 只被配成对。有 82 把梳子，还有骰子、书籍封皮和书写用品；灯笼、导航仪器、首饰、工具、渔具、乐器、剃须用品、炊具、橱具、动物骨甚至动物油；骨架、哨子、食品、大锅、桶、篮、游戏用品、钱币；一个砖炉，当然还有武器，包括巨大的火炮、炮弹和整箱整箱的长弓和大量箭，我们已知船上有 1.2 万支箭。它的补给不是为了满足短短几小时的战斗，而是为一场战役，一场需要在海上漂泊数周甚至数月的战役。面对如此数量众多的物品，我们还得记住，这些数以千计的，已经分类、识别的物品，尚不是已经发掘出的全部，还有大量物品被标为“未识别”。虽然我们现在懂了点皮毛，但“玛丽·罗斯”号让我们深刻意识到，我们对一艘都铎王朝战舰生活的了解是多么肤浅，更不用提都铎时代的生活了。

装饰皮革书籍封面，“玛丽·罗斯”号上发掘出的九本图书之一

Decorated Leather Book Cover, One of Nine Books Recovered from the *Mary Rose*

16世纪40年代中期，图书还属于贵重物品。这条船上发现的9本图书中，有6本藏在私人箱子内。其余3本中，有2本在发现时已经脱页了，但还在散架或损坏的箱子附近。最后1本之所以幸存，只是因为它被夹在一大卷绳索中。一些书页碎片在发掘过程中幸存，但脆弱到无法保存。因此，没有一本图书的题材能够被识别确认，但至少有一些应该是祈祷用书。

小贴士

1 金角湾（Golden Horn），位于博斯普鲁斯海峡南口西岸，是伊斯坦布尔的一个天然屏障，对昔日君士坦丁堡的防卫有着很大的作用。

2 海外国家（Outremer），指第一次十字军东征后建立的十字军国家，包括耶路撒冷王国、的黎波里伯国、安条克公国和埃德萨伯国等。

3 黎凡特（Levant），相当于现代所说的东地中海地区，中世纪时是东西方贸易的传统路线，阿拉伯商人将印度洋的香料等货物从陆路运送至此，交易后由威尼斯和热那亚商人运往欧洲各地。

4 傅华萨（Jean Froissart，1333—1400），法国诗人，宫廷史官，著名编年史作家。

5 北海（North Sea），属于北大西洋，位于大不列颠岛以东，斯堪的那维亚半岛西南和欧洲大陆以北。

6 布鲁日（Bruges），比利时西北部城市，西佛兰德省省会；15世纪以前一直是佛兰德斯纺织业中心，是一座保存良好的被运河环绕的中世纪城市，在欧洲也被誉为“北方的威尼斯”。

7 阿什莫林博物馆（Ashmolean Museum），位于英国牛津市中心，其最早建筑于1678—1683年间建成。它是英国第一家公共博物馆，也是世界上最早的公共博物馆之一。

8 码（yard），英制中的长度单位。1码＝3英尺＝0.9144米；1英里＝1760码。

9 加莱赛战舰（galleass），一种桨帆结合的大型战舰，从加莱型船改进而来，桨手比加莱船多。加莱赛战船虽然体积庞大、威力强大，但不适合远洋；随着风帆船的崛起和火炮在海战中地位的提升，很快被淘汰出主流舰种。

10 加来（Calais），法国北部港口城市。历史上曾经历长时间围城，于1346年被英王爱德华三世攻克，成为英国属地，直到1558年被法国夺回。

11 朴次茅斯（Portsmouth），英格兰南海岸边港口城市和海军基地，扼英吉利海峡朴次茅斯湾口。1496年，英国海军造船厂在此设立；1540年起，成为英国皇家海军基地。

第三章

探险与帝国时代

（约 1492—1595 年）

Warships of Discovery and Empire

除了少数例外，16 世纪中期之前的海上战争是欧洲人围绕欧洲沿海或亚洲人在远东进行的。1405 到 1433 年间，中国人有 7 次主要的海上航行，直达印度洋。这些航行是为了认识新土地、寻找贸易资源，走的是沿袭了几个世纪、广为人知的贸易航线。这些航行主要是使节性的，虽然中国人也用武力打退海盗，并甚至试图在印度洋和印度尼西亚间的咽喉要道——马六甲海峡扶持一个中国的傀儡王国，但中国人的远航不像后来欧洲人横跨大西洋、进入印度洋的航行那样具有重大意义。确实，除原住民部落用武装独木舟运送部队外，大西洋西岸和太平洋东岸的原住民对海战一无所知。但到 15 世纪末，随着欧洲探险家不断挑战旧世界的边界，这一情况发生了翻天覆地的变化。这些探险船的"战船"身份毋庸置疑：它们都配备武器，载有武装人员，随时准备自卫，并且，也许更关键的是，随时准备用武力把他们的要求和信仰强加给他们发现的土地和人民。他们的船是威望、帝国和宗教的伟大象征，它们骄傲地传递着他们的信息：巨大的白帆上装饰着十字架，无数华丽的军旗在桅杆上高高飘扬，军旗上是远方国王和女王的徽章。

随着哥伦布 1492 年横跨大西洋的航行，建立大西洋世界的行动开始了。这是一个将从此共享前所未有的文化特征的世界，一个今天在大西洋西岸有数千万人说西班牙语或葡萄牙语的世界。瓦斯科·达·伽马此时率领一代残暴的葡萄牙探险者进入印度洋和太平洋。因为达·伽马及其后来者的努力，葡萄牙成为第一个世界海军强国。的确，葡萄牙帝国的惊人扩张只能用它的海军优势来解释，但实际上，我们对此了解甚少。我们只知道，葡萄牙人与佛兰芒和地中海人贸易；他们连接了葡萄牙与亚速尔群岛和其他大西洋岛屿；他们试图控制直布罗陀海峡；他们航行到巴西；他们在印度洋游弋；他们试图控制进出红海和波斯湾的通道；他们确保了从印度到马六甲进而到中国和日本的海上联系。

海外开拓殖民的影响很容易从财富和知识交流的角度来衡量，除此之外，它在健康方面的影响也十分深远。国外的疾病疗法被发现，但伤寒、天花、流感、麻疹和梅毒也传播到没有遗传抵抗力的人群中。最早记录的欧洲梅毒爆发是在 1494 年，哥伦布美洲航行返回几个月之后。它首先出现在那不勒斯，法国国王查理八世（Charles VIII）的军队中；1498 年从那里被瓦斯科·达·伽马带到印度；16 世纪初，又从印度通过海上贸易航线传播到中国和日本。此后，梅毒传染病肆虐了整个欧亚大陆。这种疾病传播并不是一个从新大陆到旧大陆的单向过程。1518 年，天花被西班牙人带到加勒比地区，随后于 1520 年被科尔特斯 [1] 带到南美大陆。1546 年，麻疹席卷了新大陆，还有伤寒，一种甚至连欧洲人都没有见识过的疾病。1550 年轮到了流感，那时的传染病频繁流行了将近 50 年，几乎使土著部落灭绝，阿兹特克人 [2]、玛雅人 [3] 和印加人 [4] 全都落入西班牙人的掌控，南美的财富也落入他们手中。

这些促进了人员、知识、财富乃至疾病交流的船又是什么样子呢？巨大的卡瑞克帆船已经在欧洲水域证明了其作为战舰的价值，被用作探险船，并且，在 15 世纪中期，一种全新船型——卡拉维尔帆船（caravel），开始被葡萄牙和西班牙人采用，并成为伊比利亚 [5] 探险的特色。不幸的是，我们对卡拉维尔帆船的了解来自不完整的历史资源和低劣的图画资料。但我们知道，这些船轻快、抗风浪，是理想的探险船。到 16 世纪中期，卡拉维尔又让位于盖伦帆船 [6]，这种船已经具有多层甲板帆船的雏形，并且将在其后 300 年的海战中独领风骚。现在，船帆装置已经完全成熟，通常，前两根桅杆每根都有 3 面方帆，第三根桅杆，即后桅，依然装备着 1 面大三角帆。盖伦帆船的船体比卡瑞克帆船更纤细低矮，并且经过改进，能够在保证加莱船的细长线条和强大前射火力的同时，还能保留帆船的巨大船体，又没有卡瑞克那种夸张的艉楼。要设计一条好船，造船师必须随时权衡航速与稳定性、抗风浪性、操纵性、储存空间和生活空间等之间的关系。到 16 世纪 80 年代，一种切实有效的平衡终于在盖伦帆船上达成，这意味着这些船更大，比以往航行得更远、更快。

威尼斯舟形窝——海用便携日晷（1524 年）

Navicula de Venetiis, a Portable Sundial for Mariners

辨别时间的能力对航海，尤其远洋航海，是一项根本的先决条件。天文定位、评估航程以及分配船上值班时间和其他日常需要都离不开时间。最早的时间概念之一是太阳的每日回归，因此人们特别为海员发明了这样的便携日晷。这种样式被称为“威尼斯舟形窝”（navicula de venetiis），因为它的形状像一艘威尼斯船。这类日晷非常罕见：全世界仅存世 5 件，并且 1988 年以前，只有两件为人所知。图中所示是其中最重要的一件，它是保存最为完好，且唯一由象牙而不是黄铜制成的。把手上的银制小游标背面有 3 只法国王室的百合花徽，前面有火蛇，这是 1515 到 1547 年的法国国王法兰西斯一世的个人徽章。因此这可能表明，受托制作这件别致物品的荣耀是国王本人授予的。它现保存在米兰的波尔迪·佩佐利博物馆（Museo Poldi Pezzoli），那里是世界上最重要的钟表收藏地之一。

现代研究表明，与其他形式的日晷相比，威尼斯舟形窝相当准确，它们被认为是文艺复兴时期最先进的计时工具。舟形窝具体在什么地方发展起来的尚不清楚，有可能起源于 9 世纪的巴格达。威尼斯舟形窝不仅可以计时，还可用于确定纬度。纬度计在把手上，通过一条附在游标上的粗线读出读数，那条线现在已经看不见了。太阳小时表刻在“船”体上，中间线（数字 6）对应正午。船体上还有一只日影盘和一个黄道表。

ORONTII.F.
1524.
Vmb. Versa.
Vmb. Recta.

船用星盘（约 1588 年）

A Mariners' Astrolabe

航海者的第二大挑战是估算船位，他们通过测量太阳或北极星的仰角解决了这个问题。到中世纪时，星盘已经在陆地定位、占星术和天文学中使用了几个世纪，但应用于海上，则显得非常笨重。15 世纪中期，易于使用的船用星盘发明出来，此图就是一个很好的例子。船用星盘与陆上星盘很容易区别，因为它们中间开了孔，风可以从孔中吹过而不会影响它们的位置，从而影响到观测。虽比威尼斯舟形窝更常见，船用星盘依然相当稀罕，因为到 17 世纪中期，它们就被四分仪代替，不再使用。这一只是 1845 年在爱尔兰南部沿海的瓦伦西亚岛（Valentia Island）岸边一块岩石下偶然发现的。1588 年，西班牙无敌舰队（Spanish Armada）的 3 艘战舰在这里失事。

它因为没有制作完成而显得尤为吸引人：盘上刻着圈和装饰线，但刻度上没有数字。这是一个非常有力的提醒，揭示了当初西班牙部队和设备装配无敌舰队时是多么匆忙。与此类似，同样在无敌舰队残骸中发现的一组用于校正瞄准的炮兵尺，制作得也不精密。（有关无敌舰队的更多内容，请参见第四章“英西战争”。）

锚泊中的“圣玛丽亚”号

The *Santa Maria* at Anchor

绘画：安利斯·范·厄特沃特（约 1628 年）

哥伦布 1492 年远征的规模有限，这反映了提供资助的王室对探险的期待不高。远征只用了 3 条小型船，这幅 17 世纪早期的画作描绘的即是他的旗舰“圣玛丽亚”号，作者为荷兰艺术家范·厄特沃特（Andries Van Eertvelt）。这艘船画于哥伦布首航后近 140 年，在许多方面，它更像一艘 17 世纪早期而不是 15 世纪末的船。但实际上，我们对哥伦布的探险船是什么样子并没有一个确切概念，因为当时的图画没被保存下来。殊无裨益的是，哥伦布在日记中把“圣玛丽亚”号同时描绘成一艘卡瑞克（nao，西班牙语，即“carrack”——译注）和一艘卡拉维尔帆船，但现在我们确定它们都是独特的船型。至少，这幅画对它尺寸的描绘还算可信。我们知道，“圣玛丽亚”号有 77 英尺长，仅配备 45 名船员。前桅是西班牙传统的红色和金色相间的旗帜，上面是圣母玛丽亚像。虽然在锚泊中，帆收回卷起，在这里看不见，它的主帆上是费迪南德和伊莎贝拉的字母组合图案。除此之外，关于哥伦布探险船的其他已知细节很少。需要记住的是，今天航行的许多“圣玛丽亚”号复制品都是揣测之作。

人物档案

费迪南德
（Ferdinand）

即阿拉贡的费迪南德二世（Ferdinand II of Aragon，1452—1516），卡斯蒂利亚国王（1474—1504 年在位），阿拉贡国王（1479—1516 年在位），人称“天主教徒费迪南德”。1469 年与卡斯蒂利亚的伊莎贝拉（Isabella I of Castile，1451—1504）联姻，成为斐迪南五世，和伊莎贝拉共同继承了卡斯蒂利亚的王位。他不遗余力地推行亲天主教的政策，于 1480 年在卡斯蒂利亚建立了审判异端的宗教裁判所，成为持续几个世纪的宗教迫害的开端。1492 年，支持哥伦布探险，这次航海最终发现了美洲大陆。

克里斯托弗·哥伦布像

Portrait of Christopher Columbus

绘画：佚名画家，创作于约 1500 年

有了能确保长期在海上生活和精确定位的能力，远洋探险的前景不仅成为可能，而且还很诱人。克里斯托弗·哥伦布就认识到了这一点，他向西班牙国王费迪南德和王后伊莎贝拉提出请求，请他们资助一次向西航行的探险，期待发现一条通往中国的海上航线。

得到许可后，哥伦布于 1492 年 8 月扬帆起航，开始他 4 次航行中的首航。对这次航行的了解，历史学家得益于一份保存下来的材料，虽然可能修饰过，但却是根据哥伦布自己的描述而写下的。他给费迪南德和伊莎贝拉的报告非同凡响，它们不仅揭示了他的发现，也让人了解了哥伦布。探险史上鲜有如此详细的日志，也很少有对世界的观察如此丰富的报告。比如，一部由他人创作的以哥伦布自叙为依据的作品，在首航开篇就没有干巴巴地描写航行准备，而是记录了哥伦布登船前夕的情绪。在现代读者面前，哥伦布被描绘成一个对前途充满信心的人，但是，也许出乎他们的意料，文章字里行间却充满了自我怀疑。确实，现代传记作家把他描绘成了一个对失败充满恐惧的探险家。哥伦布的文章还因为写作水平糟糕而暴露了自己：他并不是西班牙人，而是热那亚人；虽然他自学了赞助人的语言，可从没有真正掌握用西班牙语写作。

VS LYGVR NOVI ORBIS REPTOR

CIRCIVS
HISPANE
INSVLE
EQVINOCTIALIS
TERRA.S.CRVCIS.SIVE
MVDVS NOVVS
C. CAPRICORNI
GERMANIA
LIBO AVSTER

VVLTVR NVS
TANGVT PROVICIA
MAGNA
PROVICIA
CATHAI
SERICA
MOABAR
EVRO

◂上页图

世界地图

World Map

绘制：弗朗西斯科·罗塞利（约 1508）

虽然常常掩盖在发现新大陆的光环之下，哥伦布横穿大西洋的航行同样意义重大：他在航行中发现了一条新航线，他的船可以沿这条航线一路顺风地离开并返回欧洲。他从北纬 28 度附近的加那利群岛（Canaries 或 Canary Islands）出发，顺着东北信风航行；返航时，他向北行驶，进入把他带回欧洲的西风带。就这样，他开辟了新航线，在此后的帆船时代，这条航线将决定大西洋贸易和战争的方式。

哥伦布 4 次航行到美洲，最后一次，他到达中美洲东海岸，还以为到了中国。这幅地图绘于这些航行之后不久，它把伊斯帕尼奥拉岛（Hispaniola，今海地）和古巴画成中国沿海岛屿。哥伦布成为海军上将、总督和地方长官，建立了一个贵族王朝，他的名字为西方世界每一个受过教育的人所熟悉，但他仅仅是一个纺织工人的儿子。

大西洋波多兰海图[7]

Portolan Chart of the Atlantic

绘制：佩德罗·赖内尔（约 1535 年）

哥伦布航海的结果之一，就是引起了一场旷日持久的争论：葡萄牙和西班牙王室争夺未来发现土地的归属权。这种争议传统上是由教皇裁判的。1481 年，加那利群岛以南所有土地都被判给葡萄牙，但 1493 年，西班牙出生的教皇亚历山大六世（Pope Alexander VI）大幅增加了西班牙在西大西洋理论上拥有的土地。1494 年 6 月的《托德西利亚斯条约》（Treaty of Tordesillas）至少暂时解决了西半球的争议。条约用一条从北到南的线把大西洋分开，这条线与非洲沿岸的葡萄牙佛得角群岛（Cape Verde Islands）和哥伦布新发现的西班牙加勒比海诸岛距离大致相等。这条线以西的一切都归西班牙，以东归葡萄牙。这幅绘于 1500 年前后的海图显示了这条分界线。有趣的是，非洲西岸的大型葡萄牙奴隶中转堡垒埃尔米纳（El Mina）也被画了下来，它位于今天的加纳。

这是一幅“波多兰”海图，是那个时期海员用于辅助航行的海图。它们具有独特的连接地球上各点的交叉回交线，名为“恒向线”（rhumb lines）。每条线都是一个罗经方向，因此在效果上是一条区别于北的航向。因此，如果一个海员知道他的大致船位和目的地，他就可以用波多兰海图，沿恒向线或与恒向线平行，航行至目的地。波多兰海图的应用与磁罗经在 16 世纪的广泛使用有千丝万缕的联系，虽然它们作为引航辅助的实用程度依然存在巨大争议。

oceea nun
Antilhas
tropic' cancri
Equinoti

Europa
do brasil

瓦斯科·达·伽马（约 1460—1524 年）

Vasco da Gama

绘画：佚名画家，约创作于 1558 年

虽然哥伦布做出巨大努力，从欧洲到印度的海上航线尚待开拓，而这次的开拓者是向东航行、绕过非洲最南端的葡萄牙人瓦斯科·达·伽马。哥伦布到达美洲大陆 5 年之后，达·伽马率 4 艘船、170 名船员离开里斯本。他们绕过好望角，沿非洲东海岸北上航行至蒙巴萨（Mombasa）。从那里，他们横穿印度洋，于 1498 年 5 月到达卡利卡特（Calicut）。在卡利卡特，他们被引见给被称作“扎莫林”（Samuri）的印度统治者。扎莫林斜倚在一张绿色天鹅绒长椅上，喝酒的金碗大到一个人抱不过来，他冷淡地接受了葡萄牙人的“礼物”：洗涤盆、成桶的油和大块珊瑚。他坚持索要黄金礼品，但葡萄牙人没有。双方互不信任，都以对方的人为人质，关系迅速恶化。

最终双方达成协议，达·伽马好歹建立了联系，留下几个葡萄牙人寻找一个贸易中转站。归国后，他被任命为“印度最高海军上将”（High Admiral of the Indies），就是这幅不知名作者的油画上显示的。他还被封为伯爵，成为第一位没有王室血统的葡萄牙伯爵。他后来又两次航行到印度洋，其间，葡萄牙人试图控制东方海域，他深深地卷入了当地政治。

人物档案

瓦斯科·达·伽马
（Vasco da Gama）

葡萄牙航海家，是地理大发现时代著名的探险家之一。1497 年，他率船队从里斯本出发，探索通往印度的航路，次年抵达印度西海岸的卡利卡特，成为历史上第一位从欧洲航海到印度的人。也有人将此次印度之旅视为全球多元文化浪潮的开始。

ASCODAGAMACONDEALMIRANEQVEFOIO
OQDOREINOVEIOCOTITOLODEVIZOREI
AIMDIA

瓦斯科·达·伽马的卡拉维尔帆船

Vasco da Gama's Caravel

选自《无敌舰队之书》（约 1558 年）

这是瓦斯科·达·伽马旗舰“圣加布里埃尔”号（*São Gabriel*）的图画，来自一本当时的葡萄牙手抄本。随行的还有两艘稍小一点的类似帆船及一艘补给船。图片清楚地表现出这些船的独特特征，即绘在帆上的巨大血红色十字架。常被人忽略的是，葡萄牙精英有讨伐穆斯林的长期传统，并且他们传播天主教信仰的愿望是推动探险的一个重要动机。实际上，葡萄牙人和当地统治者间的敌意的首要原因不是贸易，而是宗教。特别是对葡萄牙人坚持要求把所有穆斯林商人逐出卡利卡特的立场，这令印度人大为震惊。

葡萄牙人用于探险和征服的船是新型的，这幅图也很好地反映出历史学家面临的一个问题。迄今为止，还没有卡拉维尔帆船遗迹被发现，也没有 1571 年前的技术图纸存世。但在那时，卡拉维尔帆船成为葡萄牙和西班牙的探险主力已将近 80 年，并且已经作为伊比利亚海上活动的重要因素达 100 多年。如今，关于卡拉维尔帆船最多的证据都来自这种类似漫画的草图，创作时间在 16 世纪 50 年代。尽管如此，我们知道卡拉维尔船体轻、操纵性好、速度快而且适航性好——因此，不管从哪个方面而言，它们都是当时最好的探险船，而且这一角色被它们保持了 1 个世纪。

asquo da gama, D

佩德罗·阿尔瓦雷斯·卡布拉尔的舰队（1500 年）

The Fleet of Pedro Álvares Cabral

选自《无敌舰队回忆录》（约 1568 年）

全副武装的葡萄牙船队一次又一次追随达·伽马的足迹。这里描绘的是佩德罗·阿尔瓦雷斯·卡布拉尔的舰队。1500 年，他领导了一次野心勃勃的远征。虽然他的目的地是印度，却发生了一次不寻常的错误，当时编史者把这个错误归因于偶然，但现代历史学家怀疑这本就是他的计划。他向西远航，在巴西沿海登陆，由此在南美建立了一个堪比北方西班牙的葡萄牙殖民地。历史最终将证明，它的价值超过了葡萄牙在印度的任何殖民地。从巴西出发，卡布拉尔再次穿越大西洋，驶向印度。途中有 4 艘船在一场风暴中沉没，这些失事船就在这幅图中。

离开葡萄牙 6 个月后，卡布拉尔到达卡利卡特。但这一次，他是作为一个征服者而不是探险者来的：与卡利卡特首领的谈判恶化后，卡布拉尔直接轰炸了这座城市。面对如此暴行，不久后，土耳其人和马穆鲁克人便联合起来，共同对抗这个印度洋上新出现的欧洲势力。1509 年，第乌海战（Battle of Diu）中，基督徒和穆斯林间的第一次大规模海上斗争走出地中海。这一次，尽管土耳其人已经装配火炮，葡萄牙人还是毫无悬念地取得了胜利。有史以来第一次，一支大炮武装的庞大欧洲舰队用武力控制了远离欧洲数百海里的海洋。

人物档案

佩德罗·阿尔瓦雷斯·卡布拉尔
（Pedro Álvares Cabral，约 1467—约 1520）

葡萄牙航海家、探险家。1500 年，葡萄牙国王曼努埃尔一世（Manuel I）派遣卡布拉尔率领 13 艘船、1200 余人从里斯本出发，前往印度。经佛得角群岛后，他为躲避非洲赤道无风区，改变了航向，从而偶然发现陆地，即今日之巴西。卡布拉尔登陆后，插上十字架宣告占领。他因此被认为是最早到达巴西的欧洲人。

No Anno de 1500 —

2

Pedralvrez cabral pera a India e 9. de março por Capitão mór de treze vellas, Naos, Navios, vellas, das quaes com hu temporal rijo que ele deu na travessa do Brazil pera ho cabo de esperança, se perderão quatro/. & de todas, estes erão os Capitaes

Luis piz D
tornou a portugal.

Guaspar de lemos D
de santa cruz q̃ ora do Brazil tornou a portugal cõ nova do descobrimẽto della

Pero diaz D
cõ a tormenta esgarrou & foy ter a Magadaxó junto do cabo de guarda fuy, & á tornada se encontrou cõ pedralvrez cabral no cabo de

Pero de thajde D
há tornada se perdeo nos bayxos de S. lazaro & cõ a gente salva foy ter a Melinde

Vasq̃o da thajde D
perdido com a tormenta //—

Pedralvrez cabral D

Nicolao coelho D

Nuno leytão D

Simão de miranda D
l salvou na tormẽta cõ pedralvrez cabral, & milagrosa mente se salvarão

Ayres gomez da silva D
perdido com a tormenta,

Simão de pina D
perdido cõ a tormẽta,

Sancho de thovar D
h. tornada pera portugal se perdeo cõ vento rijo travessão em hu bayxo perto da costa de Mellinde & depoys de toda a gente ser salva ele poserão fogo/

Bertolameu diaz D
perdido cõ a tormenta

岩石岸边的葡萄牙卡瑞克战舰

Portuguese Carracks off A Rocky Coast

绘画：若阿基姆·帕蒂尼尔画派（约 1540 年）

这幅画的主题备受争议，但可以明确的是，画面中央，于左右两舷鸣炮致意的巨大卡瑞克战舰悬挂的是葡萄牙国王曼努埃尔一世的旗帜，前景中的加莱船则悬挂萨伏伊[8]旗号。此画本身表明它一度放置在一面承托墙壁的框架之中，或者作为墙壁镶板，也许是一个大的装饰组合的一部分。因此很有可能，这是一位著名艺术家描绘一次大事件的著名作品。一些人认为，那件大事就是 1521 年国王曼努埃尔的二女儿比阿特丽斯公主（Infanta Beatriz）抵达维勒弗朗什（Villefranche），准备与萨伏伊公爵查理三世结婚。如果这个猜测不错，我们就可以确定那艘船是卡瑞克帆船“西奈山的圣卡塔琳娜”号（*Santa Catarina de Monte Sinai*）。我们知道它为了公主的婚礼旅程装饰得富丽堂皇。舱室里布满金银饰品、锦缎、地毯和天鹅绒，深红色的天鹅绒顶篷嵌着丝边，衬着来自中国的蓝缎子，86 面红白缎旗帜在桅桁上飘扬，最大的两面是金银色的葡萄牙王室旗帜。

不管主题是什么，学者一致认为，在当时描绘 16 世纪初期开创帝国的葡萄牙船的少数画作中，这是最优秀的一幅作品。这里有许多有趣的细节。画上一共有 15 条各型船舶，全部都在一条岩石耸立的海岸线外，海岸上一座醒目的城堡守护着港口。众多围绕着中央大船的小卡瑞克帆船可能是从不同角度显示的同一艘船，这是后来船舶绘画的习惯做法。最大的一艘卡瑞克帆船上，可以清楚地看到人们在操纵风帆。它的主帆上甚至印着字母，很明显是为了协助排列“副底帆”，用于在天气良好时扩大帆面。唯一曾如此详细地描绘了葡萄牙卡瑞克帆船的同时期作品，是一幅曾经挂在里斯本附近沙布雷加斯（Xabregas）修道院的祭坛画——圣奥塔祭坛画（Santa Auta Altarpiece），现已被移走保护，你可以在里斯本的英国国家古代艺术博物馆（Museu Nacional de Arte Antiga）看到它。但书中的这幅画却在伦敦，藏在英国国家海事博物馆（National Maritime Museum）。

人物档案

曼努埃尔一世
（Manuel I，1469—1521）

葡萄牙国王，1495—1521年在位。其堂兄若昂二世死后没有合法继承人，他因而被贵族选中继位。他不仅继承了王位，还继承了若昂二世为葡萄牙建立的航海事业。他在位期间，葡萄牙成为东方的海上贸易帝国。

葡萄牙船停靠日本种子岛（1543 年）

Portuguese Ship Landing in Tanegashima, Japan

选自“南蛮屏风”（约成于 1594—1618 年）

通过把武装船队带到遥远水域，葡萄牙人还带去了海上力量（即海权）作为国家政策的理念。15 世纪早期，庞大的中国船队七下西洋，但是仅仅是为了推动贸易：他们不像葡萄牙人那样寻求贸易霸权和领土征服。

1543 年，葡萄牙人到达日本，其海上力量对日本的影响尤其值得关注。16 世纪的日本四分五裂，内战不断，葡萄牙人趁机得到立足之地，这也是因为他们带来了枪炮和火药：火器在日本还是一个全新事物。海军概念和火枪引入日本，海上力量投射显得尤为诱人。1590 年，丰臣秀吉统一日本。两年后，作为入侵中国的前奏，他侵入朝鲜。日本出动了 13 万至 20 万大军，这样的规模在世界史现代初期堪称最大的海上入侵。然而他们遇到火炮武装的朝鲜海军，后者用他们机动灵活的桨战舰，最终成功切断日军主力与日本的联系。但亚洲海上力量及革新的这次突破只是昙花一现。到 1600 年，日本又回到闭关锁国状态，持续长达两个半世纪。直到 19 世纪中期，日本才开始了海军技术的继续革新。

其时，日本人对一切葡萄牙事物的接受和崇拜近乎盲目，种植、吸食烟草，佩戴念珠、十字架，甚至穿着典型的葡萄牙式肥大长裤。这幅屏风绘于16世纪90年代，正是此一文化现象的高峰时期，乃描绘葡萄牙人外貌、服饰和他们1493年抵达日本[9]等事件的一系列屏风之一。作者显然不熟悉这种船型，画出平底船和卡瑞克帆船混合的四不像。这些屏风能保存至今实属侥幸。1600年，所有外国人被逐出日本，同样，所有宣扬西方文化的事物也遭到破坏。

安东尼·阿什利的《航海明镜》书名页（1588 年）

Title Page of Anthony Ashley's *The Mariner's Mirror*

日本人特别欣赏葡萄牙人的航海用品，尤其是引航书，这些书记录了港口之间的航线、安全锚地、碍航物、水流和其他对引航员至关重要的信息。一本 17 世纪早期的日文版葡萄牙引航书保存下来，内容包括从长崎出发的航行指南，正午太阳高度表和磁偏角[10]表。实际上，当时航海使用的是多种辅助工具，包括海图、对岸线的观察和书面航行指南。直到 1584 年，所有这些资源被整合到一本书中，这就是瓦赫纳尔（Lucas Janszoon Waghener）的《航海明镜》（*Spieghel der Zeevaerdt*）。这本书覆盖了从泽兰[11]到安达卢西亚[12]的整个欧洲沿海，立即大获成功。仅仅 1 年后，时任英格兰海军大臣（Lord Admiral of England）的霍华德侯爵（Charles Howard）说服枢密院（Privy Council）将该书译成英文出版。这是 1588 年出版的第一版封面。这本书影响深远，以至从那以后，英格兰所有航海图册和成套航行指南都被称作“瓦戈纳[13]”。

注意水手挥动的测深锤，一项当时经过实践证明的航海技术：把一块油脂涂在铅块头上，放到海底。带上来的泥、沙或贝壳的性质，与标出的海水深度一起，给航海者提供了大量有关其位置的信息。画中的服饰是那时的典型风格，不过，穿着如此花哨的褶领服出海的可能性不大。每位水手头上各悬着一根十字棒和一面航海星盘，脚下是一副圆规和一只罗经。

HONI SOIT QVI MAL Y PENSE
THE MARINERS MIRROVR
Wherin may playnly be ſeen the courſes, heights, diſ-
tances, depths, ſoundings, flouds and ebs, riſings of
lands, rocks, ſands and ſhoalds, with the marks for th'en-
trings of the Harbouroughs, Havens and Ports of the
greateſt part of Europe: their ſeueral traficks and
commodities: Together wth the Rules and inſtrumēts
of NAVIGATION.
First made & ſet fourth in diuers exact Sea-Charts, by that famous
Nauigator LVKE WAGENAR of Enchuiſen And now fitted with neceſſarie
additions for the uſe of Engliſhmen by
ANTHONY ASHLEY.
S.r FRA. DRAKE,

船舶图纸

Ship Plan

绘图：马修·贝克（约 1586 年）

英国人走向大洋的脚步比西班牙和葡萄牙慢了一拍，但在女王伊丽莎白治下，他们走上一条与众不同的道路：他们在当时全球海上冒险的这个问题上采取攻击性策略，用上了亨利八世开创的大型专业战舰。这样做的结果就是国家支持大规模远程海盗活动，他们用无与伦比的海上战舰从事这种活动。这是一个桨战船依然称霸海洋的时代，尤其是法国和西班牙海军。当然，西班牙和葡萄牙人拥有巨大的武装帆船，但这些船在本质上只算是武装商船，拥有又宽又深的货舱，用于将海外贸易的成果运回欧洲海岸。但英国人没有这样的殖民地，于是英国战船便被设计建造成抢夺他人财富的工具。万幸的是，就是在这一时期，造船师开始在纸上设计他们的船舶。这是已知最早的按比例绘制的船舶图纸，由马修·贝克（Matthew Baker）绘制。他是伊丽莎白一世的造船师，他的父亲詹姆斯·贝克（James Baker）则是亨利八世的造船师。这里显示出船尾、龙骨、艉柱和四根船体肋骨。

贝克的大部分作品被收录在一本书册里，后来塞缪尔·佩皮斯得到这本册子，分类整理成《英国古代造船术断章》（*Fragments of Ancient English Shipwrightry*）。这本书保存在剑桥莫德林学院的佩皮斯图书馆，它能得以保存下来，本身就说明了它意义非凡。和我们现在可以坐下来研究伊丽莎白时期的造船术一样，贝克的继任者也第一次有了这样的机会。从那以后，人们可以在纸上，在时间和空间上远离造船场所的地方学习造船艺术。更重要的是，有了永久保存的设计图纸，就可以造出同一艘船的精确复制品。这样，造出同一等级的船舶就成为可能，而且随后的几个世纪中，舰队的战船型式日趋统一。有了随手可得的书面记录，吸取既往教训也变得轻而易举。船舶图纸的发明是整个航海史上最重大的突破之一。

人物档案

伊丽莎白一世
（Elizabeth I，1533—1603）

亨利八世的女儿，英格兰和爱尔兰女王，1558—1603年在位，是都铎王朝的第五位也是最后一位君主。她一生未婚，因此被称为“童贞女王”（The Virgin Queen）。伊丽莎白即位时，英格兰处于因宗教分裂造成的混乱状态。她不但成功地保持了英格兰的统一，而且在经过近半个世纪的统治后，使英格兰成为欧洲最强大和最富有的国家之一，英格兰文化也在此期间达到了一个顶峰。因而，她的统治期在英国历史上被称为“伊丽莎白时期”，又称为“黄金时代”。

Yf I would have a shipp by this plott to be made the which should be of

proportion so ever it be it is sufficient to alter the scale only and nomore [illegible]

Called the Emanuell the which is 26 foot broade this shipp will beare

a shipp that should beare 350. the tonnes what should then the scale

[illegible] breadth Cubike adding thereunto the proportion that I would have the second sh[illegible]

of the scale of Cubyke proportion with 26 the scale and breadth of the

second shipp which hath the moust same for a generall scale to th[illegible]

I have written it in wordes after this more at large

Yf you worke by this sca[illegible]

doubell the breadth that [illegible]

wrong by the other scale of the [illegible]

[illegible] other shipp that hath ben here to fore mad by the sayde plott in what
or $\frac{3}{4}$ or dubell the bredth of the depth / as for exsampell ~~here~~ I have made a shipp
[illegible] [illegible] tonns & not being over charged with the same / yf I wolde have
be / to finde that hath the [illegible] of the [illegible] I saye multyplye the depth
then the depth for want of that knoledg enter the first Colome
in the third Colome being the scale of $\frac{3}{4}$ will show the bredth the of the
r that for it is not [illegible] sufficient for to saye what I meane in this

3. $\frac{1}{2}$

2

1

1 2 3 4 5 6 7 8 9 1 2 3

6

78 30

246.

5 10 20 30 40 foot

30 $\frac{1}{4}$

5 10 15 20 100 tons

5 11 22 33 44 1000 tons

工作中的造船师（约 1586 年）

An English Shipwright at Work

这幅画被塞在贝克的一堆图纸之中，它是唯一一幅不是船舶技术图纸的图画。据信，这是贝克在他的设计室工作的自画像。

船舶设计图

Ship Plan

绘图：马修 · 贝克（约 1586 年）

贝克不仅是造船师，还是个发明家。他是第一个用以算术为基础的复杂数学代替陈旧的几何测量的英国人：他应用船舶尺寸确定吨位，尽管其计算极为复杂，因为唯一可用的数学工具只有长除法。画面左上角就留有贝克某次计算的公式。这幅图上那条奇特的鱼特别醒目，它有鳕鱼的头，鲭鱼的尾，叠画在船体上。它非常明确地表明：虽然数学已经开始用于船舶设计，对上帝完美创造的模仿同样重要。在这里，这条鱼表明，船体在船头处是完整饱满的，然后逐渐向后收缩。虽然图片下方的文字没有只言片语提到鱼，只有干巴巴的船舶描述和与吨位相关的木材质量分析。这一点很重要，虽然在我们看来这条鱼莫名其妙，在当时它可不需要任何解释。实际上，在船舶设计中借用自然事物的做法，甚至成为当时诗歌流行的内容。英国诗人约翰 · 德莱顿就在 1667 年写道：

通过观察自然，
自然的女仆，艺术，
让小树苗长成参天大树；

e kell 12 foot depe and beare in goods 200 tonns in the making of which
oke being wrought to anie frame lyen 112 loads/ 50 foot to the load/
4000/ in the plancke 8100/ in 1 ynch bord 1300/ in 2 ynch 3000
1000 / to know what stuff will make a ship of and other shape ~~and[illegible]~~
~~by the depth/ the whole [illegible]~~ / as for example, the
12 foot/ and consumeth in the same plank 8100/ ~~[illegible]~~ what will suppose
by the keel and 15 foot depth/ I multiply the 3 ships as I have before
the second is 2944 · whose cubick root is to be extracted then [illegible]
of it/ to know what will consume in plank multiply the length
of it · the same is 24265/

这就是鱼儿对船的影响，

鱼尾是舵，鱼头是艏。

这种观点并非放之四海而皆准，中国人就把船的形状比成水鸟。

还请注意，此时的船有了独特的盖伦型船首，比旧卡瑞克帆船的船首低得多，并且它现在装备了一只前伸的撞角。那个持戟的士兵显然是站在一架舷梯或者船腰上面的轻甲板上。炮门提高了，舷侧没有装炮，但在船尾炮门处画出了两门小炮。

人物档案

约翰·德莱顿
（John Dryden，1631—1700）

英国著名诗人、文学批评家、剧作家和翻译家。他曾出席1658年克伦威尔的葬礼，并发表了颂扬克伦威尔的诗作《英雄诗章》；1660年又以《伸张正义》一诗迎接查理二世复辟，从而被当作王政复辟时期的主要诗人，有人甚至将这一段文学史称为“德莱顿时代”。

沃尔特·雷利爵士赤陶半身像

Terracotta Bust of Sir Walter Ralegh

制作：约翰·迈克尔·赖斯布雷克（1755—1757 年）

沃尔特·雷利是驾驶贝克建造的盖伦帆船横越大西洋的英国探险家之一，他的第一个目标是美洲东北沿海。虽然他本人从未到过弗吉尼亚，但他曾两次投资，试图在罗阿诺克岛（Roanoke Island）建立殖民地。两次均以失败告终——土著人被殖民者的残暴所激怒，捣毁了第一个殖民地，第二批殖民者也消失得无影无踪。这些努力失败了，可雷利的名字依然常常与新大陆联系在一起。虽然他可能引领了烟草消费在朝廷的流行，但广为流传的雷利把烟草和土豆引入英格兰的故事实为以讹传讹。

人物档案

沃尔特·雷利爵士

（Sir Walter Ralegh，1552—1618）

英国伊丽莎白时代著名的冒险家、政治家、诗人、军事指挥家。在他给女王的报告中，有一句著名的话："谁控制了海洋，就控制了贸易；谁控制了贸易，即控制了世界财富，也因而控制了世界。"这句话可以算是"海权论"的雏形，据说，对伊丽莎白女王大力发展海军力量等方面也起到了促进作用。

雷利的肖像数量众多，但最为神似的是这座赤陶半身像，制作者是 18 世纪中期著名佛兰芒雕塑家约翰·迈克尔·赖斯布雷克（John Michael Rysbrack），他的成名作是威斯敏斯特教堂（Westminster Abbey）内的艾萨克·牛顿像。这座雕像由议员爱德华·利特尔顿爵士（Sir Edward Littleton）委托制作，用于装饰他在斯塔福德郡（Staffordshire）的特德斯利大厅（Teddesley Hall），与它一起的还有另 5 位英国名人，全部由极耐久的赤陶制作。虽然它现在孤零零地立在格林尼治的英国国家海事博物馆，它最初的设计是与弗朗西斯·培根、牛顿、亚历山大·蒲柏[14]、约翰·洛克[15]和奥利弗·克伦威尔放在一起的。这幅半身像没有表现出的一个特征是雷利引人注目的身高，6 英尺多高的他在时人中绝对是鹤立鸡群。

埃尔多拉多地图

Map of El Dorado

绘制：沃尔特 · 雷利爵士（约 1595 年）

1591 年，雷利与伊丽莎白女王的一个侍女秘密结婚，失宠于朝廷，甚至一度与妻子被关进了伦敦塔。在相对孤立与不幸中，雷利的精力和想象力离开魂系梦萦的北美殖民地，向南转移到中、南美洲土地，那里已被西班牙人证明遍地黄金。他梦想着一个大发现，既可以填满他的口袋，还能通过给英格兰提供一个堪比对手西班牙的财源，从而再次获得朝廷的宠幸。西班牙人在新殖民地的探险产生了不少传奇故事，一些发现的离奇的现实让这些故事似乎更可信。举个例子，波托西（Potosí）银矿不是神话，它在殖民期间出产了近 20 亿盎司白银。但雷利感兴趣的是金子，尤其是传说中的埃尔多拉多（El Dorado），一座拥有巨大财富的城市，位于一片传说中的内海中央，由一位身上涂着金粉的国王统治。这个城市据说就在南美洲北部海岸的圭亚那[16]。

1595 年，雷利航行到那里，花了几个月时间探索波澜壮阔的奥里诺科河（Orinoco River）内陆河段，结果一无所获。他两手空空回到国内，受到冷嘲热讽。然而他不是那么轻易就认输的，他出版了一本书，描述他在圭亚那的发现，书中别有用心地没有加进一幅地图，但是他保证了即将给出一幅地图，又承诺把地图献给英格兰海军大臣霍华德侯爵，并敦促侯爵保守地图秘密，防止它落入坏人之手。

然而，这幅地图从来没有出现。但1618年，在新国王面前大大失宠的雷利在企图潜逃法国时被拘捕，在他身上发现了一份圭亚那矿样、一只金制圭亚那偶像和一幅圭亚那地图。1860年，大英博物馆得到一幅圭亚那地图，地图可追溯至1660年，因此与雷利本人联系了起来。一位学者甚至认为，这就是雷利被捕时搜出的那幅地图。

这里再现的这幅地图清楚地画出了那片内海，雷利相信他将在其中找到埃尔多拉多。地图中画出的地形极不可靠，尤其不可信的是众多从中央湖泊流出但从未交汇的河流，而且我们现在知道圭亚那没有这样的内陆湖。实际上，这幅地图上是雷利没有踏足却似乎踏足过的土地，因此它是一个证据，说明至少在雷利心目中，埃尔多拉多依然是一个有待发现的现实。

弗朗西斯·德雷克爵士

Sir Francis Drake

绘画：小马库斯·海拉特（1591 年）

和雷利一样，弗朗西斯·德雷克（Sir Francis Drake）也生于德文郡（Devon）。因为与以海上开拓闻名的霍金斯家族的血缘联系，1567 至 1569 年，德雷克跟随约翰·霍金斯爵士航行到加勒比海。这次远航遭遇西班牙人偷袭，从那以后，德雷克不遗余力地对遇到的所有西班牙人发动了不宣而战的类似偷袭。1572 年，他在巴拿马发动袭击，5 年后，他在世界各地对西班牙人发动了他的私人战争。他对毫无防备的西班牙人的战争在太平洋获得巨大成功，在那里掳获两艘装满财宝的船，其中第二艘，“圣母”号（*Nuestra Señora de la Concepción*）上载有 80 磅黄金，26 吨白银，还有大量珠宝。

德雷克是历史上第二个成功环球航行的人，却是第一个完成这个壮举的英国人。他的冒险让他成为巨富，他用这些收入买下德文郡的巴克兰庄园（Buckland Abbey），它现在由国家名胜古迹信托组织[17]拥有。他还受到伊丽莎白一世的鼓励、赞扬和奖赏，这幅画像中，他身上佩着表明他的声名和成就的饰物。他的右边，一只地球仪放在铺着绿色天鹅绒桌布的桌上，暗示他的环球航行；画左上方是他 1581 年受封爵士时所授的盾徽。然而奇怪的是，它没有画全，没有画出盾徽上的饰章，那是一艘满帆的盖伦帆船，被一只从云端伸出的上帝之手推动着。这不是一个没有意义的忽略，有人认为，德雷克不喜欢这种暗示，说他的航海技术仅次于上帝的力量。

人物档案

约翰·霍金斯爵士

（Sir John Hawkins，1532—1595）

16 世纪英国著名航海家、海盗、奴隶贩子。他是伊丽莎白时代重要的海军将领，对英国海军进行的改革是战胜西班牙无敌舰队的重要因素之一。

1591
ARVIS MAGNA

德雷克佩饰（约 1575 年）

The Drake Jewel

所有饰物中最引人注目的是一枚精致的珠宝饰物，德雷克把它戴在腰际，挂在一根围到脖子的长缎带上，它由金、珐琅和红宝石制成，一颗美丽的珍珠挂在底下。但从这里看不到它隐藏的秘密，因为镶在里面、围着一圈平切红宝石的，是一幅精美的伊丽莎白一世微型画像，这件珠宝是她给他的奖赏。我们之所以得知这幅画像是因为，作为存世极少的 16 世纪同类物品，这件珠宝保存至今。更重要的是，这幅伊丽莎白画像作者是英格兰最优秀的艺术家之一尼古拉斯·希利亚德（Nicholas Hilliard），他独特的风格反映出伊丽莎白时期的特色。刻画在盖上的神鸟是纯洁和不可战胜的体现，也是通常与伊丽莎白相联系的象征。

这件珠宝表明了伊丽莎白和德雷克之间的密切关系，因为在伊丽莎白赏给任何人的礼物中，一幅微型画像都是极不寻常的，更不用说是赐给一位农夫兼牧师的儿子。这种关系的建立，一部分要归因于德雷克掠夺的巨大财富。这些财富数量极多，而且其中很大一部分是从逃避西班牙金银税的西班牙商人手中夺来的，甚至连西班牙人自己都不清楚他抢了多少。德雷克和伊丽莎白选择不列清单——如果西班牙人不知道被抢了多少，他们就没法要求归还。赃物被德雷克和他的投资人瓜分，船员只得到微不足道的一小部分，而且只有他和女王知道他们取得的具体成就。甚至德雷克死后，他的现金和珠宝财产的数量依然不为人所知。

黑奴如何在（巴拿马）贝拉瓜地区金矿工作和寻找黄金

How the Negro Slaves Work and Look for Gold in the Mines of the Region Called Veragua (Panama)

选自《新大陆自然历史》（约 1586 年）

德雷克航海的价值绝不是仅仅用财富衡量的，有大量证据表明，德雷克细致观察了到访过的国家，而且人们知道他有画家随行。这类信息搜集的一个最有力证据就是《新大陆自然历史》（*Histoire Naturelle Des Indes*），也叫《德雷克手稿》（*Drake Manuscript*）。这份 16 世纪中期的文献现保存在纽约摩根图书馆（Pierpont Morgan Library）。这本书用法国北方方言写成，书中两次提到德雷克，与他环加勒比海的航线也完全吻合。而且，我们知道德雷克在航行中雇用了一批胡格诺教派水手。令人信服的证据表明，这部手稿作于这些航行中的某一次。

这本书于 1586 年出版，成为欧洲和土著部落之间交流的最重要的存世信息来源。书中共有 124 幅彩色图画，描绘了植物、动物、鱼类和鸟类，以及土著人的战争、采矿、狩猎、婚姻，甚至接生。每幅图画都附有详细的文字说明。手稿里一个突出内容是土著如何快速适应某些欧洲风俗习惯：德雷克到达美洲大地时，他发现的不是一个原始状态的土著社会，而是一个与欧洲人保持了二三十年正常联系的社会。这幅画中，把金子交给西班牙监工的那些人甚至不是巴拿马土著，而是西班牙人从非洲运来的奴隶。

下面文字的部分内容如下：

西班牙国王特许在印第安的西班牙人定居开矿，并拥有开采之黄金，条件是须就他们发现的所有财富，金、银以及宝石，向国王支付二成贡赋。

背景链接

胡格诺教派
（Huguenot）

16—17 世纪法国新教徒，主要是加尔文教徒，历史上受到天主教多数派的残酷迫害，双方教徒互相仇视，甚至发展成武装对抗。在路易十四宣布新教为非法后，约 20 万名教徒大举外迁，主要定居于英国、瑞士、荷兰、普鲁士等地。

Comme les esclaues naigres trauaillent et cherchent lor mynes en la terre nommée Veragua /

Ceste terre est fort dangereuse les naigres y viuent peu de temps se passent Jour et nuict qui ne pleuuent auec grands esclairs et tonnerre a cause q ladicte terre est proche de la ligne esquinoctialle estant fertille et bonne Mais y a grand nombre de bon or. Le Roy despaigne permect aux espagnolz qui sont aux yndes de sy habituer pour miner et auoir lor estant en ladicte terre en luy paiant la cinquiesme de tribut de tout quilz trouuent tant dor argent que pierreries

特立尼达岛上的印第安人

Indian of Trinidad

选自《新大陆自然历史》（约 1586 年）

手稿作者精心加入了尽可能多的原生植物——整个手稿近三分之一讲述植物，其余内容中又有很大一部分描写了狩猎和捕鱼方法。因此，这部手稿不仅告诉读者黄金和翡翠的开采方法，土著人潜水采珍珠的方法和地点，还教人如何在美洲生存。本质上，它是一部殖民手册。

这幅图描述了一种捕捉鹦鹉的巧妙方法。部分文字内容如下：

他们设下陷阱，连着一根绳。他们把一只鹦鹉绑上爪，放进陷阱，鹦鹉旁边放一只叫“catille”的小动物。这只小兽拔起鹦鹉毛，鹦鹉哀鸣，其他鹦鹉听到后赶来营救，纷纷飞进陷阱。印第安人看见鹦鹉进了陷阱，拉动绳子，网住鹦鹉。

HINDE DE LA TRENITE
La facon de prendre paroquetz est telle
quand ilz sont grandz ilz font une attrappe
avec une couverte dedans cest attrape mettent
ung paroquet lie par les piedz aupres de luy
une petite beste appellee ratille qui le plume lors
le paroquet crie et les aultres paroquetz oyant sa
voix viennent au secours pour le defendre entrant
librement avec luy a lattrape ce que voyant lindien

“金鹿”号复原船

Replica of the *Golden Hind*

“金鹿”号是所有复原船只中最著名的一艘，它是1577至1580年德雷克环球航行时使用的盖伦帆船。它一开始叫“鹈鹕”号（*Pelican*），后来根据德雷克的有权有势的资助人克里斯托弗·哈顿爵士（Sir Christopher Hatton）的徽章纹饰重新命名，那头金鹿纹饰就展示在船尾，从照片中就可以看到。这艘复原船建于20世纪70年代，现永久停泊在伦敦泰晤士河畔。

即使在它所处的时代，它也只能算一条小船，排水量不超过150吨。相比之下，“玛丽·罗斯”号沉没时排水量为700吨，“伟大哈里”号1500吨，1420年亨利五世的“神圣上帝”号2750吨。并且，德雷克的“金鹿”号并不是独自航行，它是一支6艘船的船队中最大的一艘，而这支船队中最小的“幸运”号（*Benedict*）排水量只有15吨。“金鹿”号是船队中唯一走完全程的。

现在，它看起来相当温顺，但是当德雷克驾着它环游世界时，它可是全副武装，几乎所向披靡。有一段时期，德雷克哪怕只有30名战斗人员，但它遇到的商船船员听到德雷克袭来的警报后，便纷纷束手就擒，一些甚至弃船而逃。它还袭击城镇和乡村，也会毫不犹豫地把炮口对准“过分热情”、仅仅武装着矛和弓的土著。有一次，德雷克被印第安人一箭射中眼睛下面。但是，从来没人如此轻易地得到那么大收获。

小贴士

1 科尔特斯（Cortés），即埃尔南·科尔特斯（Hernán Cortés，1485—1547），是殖民时代活跃在中南美洲的西班牙殖民者。他推翻了阿兹特克王国，占领了首都特诺奇蒂特兰，并于1519年废黜了国王蒙特苏马。1521年，他彻底摧毁特诺奇蒂特兰，建立殖民统治。

2 阿兹特克人（Aztec），墨西哥印第安人。阿兹特克文明是在欧洲人到来前美洲最发达的文明之一，于15世纪在墨西哥中部建立了帝国。16世纪初，阿兹特克帝国被埃尔南·科尔特斯带领的西班牙人所征服，阿兹特克文明受到了前所未有的破坏。

3 玛雅人（Mayan），中美洲印第安人。四千多年前已定居中美，公元前后至16世纪，建立过若干奴隶制城邦。1517年后，因抵抗西班牙殖民者入侵，遭大量屠杀，经济文化被破坏。

4 印加人（Incan），南美印第安人，原为今秘鲁的的喀喀湖区附近一个部落，至15世纪中叶形成强大国家，1533年被西班牙殖民者征服。

5 伊比利亚（Iberian），欧洲南部三大半岛之一，西班牙和葡萄牙两个国家都位于伊比利亚半岛。

6 盖伦帆船（galleon），由卡瑞克帆船改进而来，比卡瑞克艏楼低、船身长，船尾从弧形改成方形，从而减低了前舷的风阻，使其航行速度得以提高，且在水面航行时有着前所未有的稳定性，亦易于操控。

7 波多兰海图（Portolan Chart），依据领航员记录的罗经方位和估算距离绘制的海图，13世纪意大利最先制作。Portolan一词来源于意大利语portolano，意为“与港口有关的”。

8 萨伏伊（Savoy），位于法国东南部与意大利西北部的历史地区，11世纪起为神圣罗马帝国的领主阿尔勒王国的一部分，后完全独立。18世纪，与撒丁和皮德蒙特合为撒丁王国。1858年，撒丁王国首相与法兰西皇帝拿破仑三世秘密协商，将萨伏伊和尼斯割让给法国，以换取法国对意大利统一的支持并共同对付奥地利。1860年，两国签订《都灵协定》，萨伏伊被划给了给法国。

9 如前文所述，此处应系1543年之误。

10 因为磁极与地理南北极不一致，磁偏角是磁北与真北的夹角。

11 泽兰（Zeeland），荷兰西南部的一个农业省，位于马斯河和斯凯尔特河的河口，首府为米德尔堡。

12 安达卢西亚（Andalusia），西班牙最南端的历史地理区，濒临大西洋和地中海，首府塞维利亚。历史上摩尔人曾统治该地区，并命名为“安达卢斯”，安达卢西亚便因此得名。

13　瓦戈纳（waggoner），Waghener在英语中的读音。

14　亚历山大·蒲柏（Alexander Pope，1688—1744），18世纪英国最伟大的诗人之一。他的第一部重要作品是1711年23岁时出版的诗体《批评论》，阐述古典主义审美原则，主张诗歌应模仿自然，认为古希腊、古罗马的作品是艺术典范。蒲柏以其刻薄机智和韵律技巧，尤其是对英雄偶句诗体的运用而闻名。代表作品有：长篇讽刺诗《夺发记》，以及《人论》等。

15　约翰·洛克（John Locke，1632—1704），英国哲学家，经验主义的代表人物。他的思想对于后代政治哲学的发展影响巨大，并且被广泛视为启蒙时代最具影响力的思想家和自由主义者。主要著作有：《论宽容》《人类理解论》《政府论》等。他的著作也影响了后世的伏尔泰、卢梭等思想家。

16　圭亚那（Guiana），位于南美洲北部，奥里诺科河、内格罗河、亚马孙河及大西洋构成了其边界，现包括圭亚那、苏里南、法属圭亚那等地区。

17　国家名胜古迹信托组织（National Trust），成立于1895年的慈善团体，致力于保护英格兰、威尔士和北爱尔兰历史古迹与自然美景的民间组织。

第四章
英西战争

（约 1585—1604 年）

The Anglo-Spanish War

1558年，伊丽莎白一世加冕成为英格兰女王，同时继承了父亲亨利八世的一支专业战舰组成的海军。1538年，亨利八世被废除教籍后，为保卫英格兰免受天主教报复，他打造了这支令人生畏的舰队。现在，伊丽莎白一世和她的父亲一样孤军奋战，她知道，这支海军将成为她的保护者。然而在她统治的前27年中，英国海军行动规模相对较小，直到1585年，与西班牙公开宣战后，伊丽莎白才放开英国水兵的手脚，以前所未有的形式发动了一场海战。西班牙帝国日益庞大，它的生存严重依赖南美白银，它也因此依赖海军保卫白银收入，同时又要把西班牙力量投射到整个帝国，尤其是西属荷兰[1]。1567年，荷兰新教徒爆发了反对天主教统治者的公开叛乱。

伊丽莎白一世希望荷兰反叛能够成功。法国因为内战一蹶不振，因此，来自英吉利海峡对面，对英国安全的唯一威胁只能来自西班牙控制的荷兰，从它的河口可以自由进出离伦敦仅数英里的北海。伊丽莎白对荷兰人的公开支持激怒了西班牙国王腓力二世，而且英国人在英吉利海峡袭击西班牙船只，又在美洲不断蚕食西班牙财产，这些更是给他的愤怒火上浇油。甚至当一位葡萄牙亲王的儿子菲利普用武力登上葡萄牙王位时，葡萄牙人在他们注定失败的生存之战中也得到了英国船和人的协助。到1585年，腓力二世所到之处，都面对着处处与他作对的英国海员。

随后的战争对战舰历史产生了深远影响，有许多理由支持这一说法。第一，这场战争留下的书面证据超过了以往任何一场。我们知道大量有关战争的支出、战略、人员配备、战术、船舶、武器、实施和结果的内容，这些内容来自政府、造船者和海员本身的描述，因为在这个时代，身份高贵的探险者如德雷克和雷利都做了记录，描述和解释他们的海上开拓经历。第二，这次战争产生了史上最具代表性的海军行动之一——1588年的西班牙无敌舰队海战；它完全是一场灾难，但对于现代考古学者而言却有些庆幸。据估计，35艘西班牙战舰沉没在苏格兰和爱尔兰沿海。其中一些被发掘，寻获的考古证据提供了有助于理解书面证据的令人满意、翔实丰富的背景资料。

第三个原因是，到16世纪80年代，海上战争的方式日新月异。也许出乎许多人意料，首先采用装备舷炮的帆船舰队作战的，并不是伊比利亚半岛上的强势力量，而是十三四世纪崛起称霸波罗的海的强大海军。到1563年，丹麦—挪威联合王国和瑞典海军装备上了我们所理解的风帆战舰：它们由巨大的方帆推动，配备有舷侧大炮。因此，第一次装备火炮的帆船舰队争夺海上控制权的战争发生在波罗的海，1563 至 1570 年北欧七年战争[2]期间。这种形式的海战将成为英西战争的典型特征。

并且，到 16 世纪 80 年代，一代探险者打通了大西洋，他们的发现改变了海战焦点。和地理中心的改变一样，海战策略也发生了变化。16 世纪 80 年代开始，大型帆船组成的武装船队在海上游弋，寻找其他大型武装帆船舰队；海战跳出了前人有限两栖作战和内水战斗的范围。16 世纪 80 年代，葡萄牙海岸 800 海里之外，由 9 座大西洋火山岛构成的亚速尔群岛成为军事焦点，就是一个很能说明问题的例子。在那之前，这些岛屿远在天边，荒无人烟，但是现在，它们成为运载香料和珍宝的西班牙船队归国途中的重要中转站，并因此成为海上力量在遥远水域冲突的焦点。1582 年，亚速尔海战（Battle of the Azores）成为远离欧洲海岸的欧洲帆船舰队间第一次战役。

也许这次英西战争最大的特点是，它是天主教与新教之间第一次长期、持续和尖锐的海上冲突，并且宗教以一种极其明显和挑衅的形式，贯穿了大的事件甚至船上生活细节。1574 年，一艘西班牙战舰上传唱的船歌是一个无与伦比的例子。当水手们唱出每个水手的梦想——思乡、女人和青春——这首特别的西班牙船歌则总是以下面的副歌转调：

噢，他们拒绝——神圣宗教，
噢，神圣宗教——罗马教！
噢，来自罗马——是无尽的慈悲，
噢，它来自彼得[3]——他伟大而慈祥。

新教的荷兰和英国人与他们一样容不下异教。1574 年莱顿[4]解围时，荷兰布瓦索（Boisot）海军上将和手下佩戴着这种独特的弯月帽徽，边上刻的文字可译作“宁要穆斯林，不要天主教”。

西班牙人攻击亚速尔群岛特赛拉岛（1583 年）

The Spanish Assault on Terceira in the Azores

选自佚名画家约创作于 1585 年的大型壁画

亚速尔群岛是全球海上贸易新体系的中心，这是大西洋深处的 9 座岛屿，位于葡萄牙海岸 800 海里之外。它们地位重要的理由有两个。第一，精准确定经度这一问题被解决前的时期，像亚速尔群岛这类高耸的火山岛的最高峰通常终年云层覆盖，在海上很容易发现。第二，这里有大量港湾，可以躲避大西洋涌浪和盛行风，为从美洲和好望角返回伊比利亚沿海的船队提供了一个重要中转站。这些岛屿发现于 15 世纪 20 年代，不久后，久经远洋航行考验、目光远大的亨利王子坚持在岛上引入牲畜。加上那里已经出产的糖、小麦和葡萄酒，亚速尔群岛成为一个极好的中转站，船只在回到欧洲前可以在那里重新得到补给并补足空余舱位。实际上，它们的价值十分重要，已经成为关乎西班牙帝国前途的重地：它们被敌国控制甚至成为海盗藏身之所是无法忍受的。

虽然 1580 年，腓力二世统一了葡萄牙和西班牙，但亚速尔群岛依然控制在一个葡萄牙王位竞争者的手里。西班牙的回应是入侵，葡萄牙人则得到法国和英国船只协助，对抗西班牙威胁。这是欧洲大国之间在远离一切重要大陆的地方发生的第一场海战，西班牙人被击退，但是又带着一个更加有针对性的两栖进攻计划卷土重来。这里描绘的就是这次进攻。

西班牙军队组织严密，在圣克鲁斯侯爵（Marquis of Santa Cruz）唐阿

尔瓦罗·德巴桑（Don Álvaro de Bazán）指挥下，15372名士兵顶着密集炮火，攻破严密防守，成功登陆。这幅壁画显示，在加莱战舰船首大炮猛烈的火力掩护下，专业的登陆艇将部队运到岸边。军队随后组成典型的西班牙方阵，对此，画中描绘的防守者的混战策略毫无效果。这次行动大获成功。这幅画来自圣克鲁斯侯爵在拉曼查（La Mancha）的宫殿墙壁。腓力二世还把这次战役刻画在马德里埃斯科里亚尔宫的壁画上，好让人们铭记：高效熟练的海上力量能创造多大的奇迹。因为成功而飘飘然的圣克鲁斯侯爵甚至向国王建议，对英格兰本土发动这样的行动同样是可行的。因为这个建议，他播下了伟大的无敌舰队的种子。

人物档案

亨利王子
（Prince Henry，1394—1460）

又译作恩里克王子，通称“航海家亨利”。他是葡萄牙国王若昂一世第三个儿子，组织了许多探险航行，最著名的是沿非洲海岸南行，为葡萄牙帝国绕过非洲扩张到远东奠定了基础。此外，他在萨格里什建立了世界上第一所航海学校，为葡萄牙日后成为海上霸主奠定了基石。

教皇西克斯图斯五世

Pope Sixtus V

绘画：佚名画家

腓力二世依然极为担心入侵英格兰的后勤压力，尤其是这次冒险的巨大花费。西班牙帝国创造了巨额财富，但它的消耗几乎和创造一样快。在这个西班牙史无前例的辉煌时期，帝国却一直处在财政崩溃边缘。直到1585年，新任教皇正式宣布后，对英格兰的入侵才开始有了点眉目，因为他拥有巨大的财富，对虔诚的腓力二世也有很大的影响力。西克斯图斯决心在教皇职位和天主教世界留下他的印迹，遂向腓力二世施压，去创造一番“丰功伟业”。除打败土耳其帝国和征服埃及外，他的另一个梦想就是入侵英格兰，推翻伊丽莎白女王。他甚至与托斯卡纳公爵（Duke of Tuscany）一道，承诺为战争花费捐助100万盾（scuti）。然而，对腓力二世来说，不幸的是，教皇的提议有一个重要的附加条件。教皇承诺：只有当他得到西班牙实际登陆的证据，他才会支付捐款——不会有任何预付款。这幅画强烈地传递出他的狡诈和吝啬。

西克斯图斯痴迷艺术和建筑，在罗马发起了众多建设项目，包括树立了几座方尖石碑。其中，最大的是一块83英尺长的石块，最初是1500年前由卡利古拉带到罗马的。这座“梵蒂冈方尖碑”（Vatican Obelisk）就显示在他身后的窗户外面，圣彼得大教堂广场中央，它今天依然矗立在那里。

人物档案

卡利古拉

（Caligula，公元12—41）

罗马帝国皇帝，37—41年在位，因极其残暴的统治而臭名昭著。在位期间，他建立恐怖统治，神化王权，又好大喜功，大肆兴建公共建筑、不断举行各式大型欢宴，帝国的财政急剧恶化。后来被刺杀身亡。

腓力二世

Philip II

绘画：阿隆索·桑切斯·科埃略（约 1570 年）

虽然在亚速尔群岛大获成功，腓力二世不会轻易相信，进攻英格兰是可行或者值得的。但日益胆大妄为的英国新教女王伊丽莎白始终是个麻烦。16 世纪 80 年代中期，腓力二世成功地统一了西班牙和葡萄牙，甚至令人意外地与土耳其人建立了稳定的、互相尊重的和平关系。现在，西班牙成为一个庞大帝国，腓力二世成为它的中心。

他是个富有魅力的人物。腓力二世的统治和他本人留下的历史证据，超过了其他任何一位早期现代的政治家和君主。具有讽刺意味的是，对腓力二世的历史解释和他留下的信息一样多，不过也许这并不意外。但也有不少事实是历史学家公认的。首先，腓力二世很少呈现出这幅画中的样子：他穿着一套极其奢华的镶金黑板甲，这套铠甲如今保存在马德里的西班牙皇室军械库（Spanish Royal Armouries）；颈下挂着只颁给天主教勇士的金羊毛勋章（Order of the Golden Fleece）。虽有零散证据表明他很喜爱这件特别的饰物，但他的日常服饰却相当简朴，这与当时大部分君主形成了鲜明对比，后者通常选择华丽的彩色礼服来展示他们的显赫和富有。腓力二世也因此被比喻为：爱炫耀的孔雀群中的一只乌鸦。他讨厌这样的奢华，平时总是穿着黑色的衣服，即使在公共活动时，脖子上也只挂一串念珠。他的心中有火一般的信仰，也许稍显偏执，但绝对强烈，这个信仰极大地影响了后来发生的事件。

人物档案

腓力二世

（Philip II，1527—1598）

西班牙国王，1556—1598 年在位。他是查理一世（即神圣罗马帝国查理五世）之子。腓力二世的执政时期是西班牙历史上最强盛的时代。在他治下，西班牙的国力达到巅峰；但同时在军事方面开支巨大，耗尽了国家经济实力。1588 年，派遣无敌舰队攻打英格兰，几乎全军覆没，从此西班牙丧失了海上霸权。

缴获的无敌舰队清单英文译本（1588 年 5 月 15 日）

English Translation of Captured Armada Inventory

当时的西班牙远洋舰队总司令（Captain General of the Open Sea）是圣克鲁斯侯爵，腓力二世要求他和西属荷兰总督（Governor of the Spanish Netherlands）帕尔马公爵（Duke of Parma）各提出一份入侵计划。当然，这两份计划是不一样的。作为士兵的帕尔马青睐横渡英吉利海峡的快速突击，而圣克鲁斯侯爵这个水手设想出一个放大版的特赛拉行动，从里斯本发动。虽然如此，两人对挑战的规模意见一致：二人估计，登陆英国沿海的部队将需要多达 5.5 万人；他们将需要工兵支持，以修筑工事、扫除障碍；他们还须携带攻城装备、工匠和驮畜。

因此，不管用什么进攻方式，准备这样一支入侵部队而不被敌人察觉几乎是不可能的。为了满足食物要求，需要在马拉加[5]建设 40 只新饼干炉；从波罗的海地区获得 50 万磅奶酪，装满整整 20 条船。他们为参战部队订购了 1.2 万套鞋、皮水罐和背包，当然，还得建造或从帝国各地征用战船。随着准备工作进行，情报也在源源不断涌入英格兰，到达伊丽莎白一世的间谍头子弗朗西斯·沃尔辛厄姆（Francis Walsingham）之手。到 1588 年 5 月 11 日，他甚至得到一份《无敌舰队规则条例》（*Rules and Ordinances of the Armada*）。

8 天后，沃尔辛厄姆得到一份完整准确的无敌舰队清单，并译成了英文，译文如下。这是一份绝妙的文件，因为西班牙人冗长的名字和奇特的拼写让英国抄写员火冒三丈，以至他在页角潦草地写下：

所有这些遭瘟的家伙，如果他们来到英格兰，我相信你将在他们回家前给他们取个教名，这样他们的名字也许会好写些。他们全是些沿街乞讨的叫花子，偷了东西，发了财。不要抓一个俘虏：绞死他们，要赎金！

1588 July 1.

~~1588 July~~

Masters of the Camp

Don Francisco de Bonadelia m.r of the camp generall.

Don Augustin Mesqua of the camp over the companies of Castilia, Estremadura, and Andolosie

Don Diego de Pimentel m.r of the camp of Cecill & Sicilia

Don Francisco de Toledo camp m.r over the Portingales

Don Alonso Luzon camp m.r of the tercio of Naples.

Nicholas Isla of the companies of the Indian galleons.

before July.

A pox upon them all, if they come into England I trust you will christen them, ere they returne that their names mai be easier to write, never take none prisoners for they be but don beggars, all that goes to steale and become riche, hange them for raunsome.

Relation of the Spanish armye. Julye 1588

◂上页图

《伊卡洛斯的坠落》中的景色

Landscape with *The Fall of Icarus*

绘画：老彼得·勃鲁盖尔（约 1560 年）

对于可能构成西班牙无敌舰队主体的船型，当时的高质量图画存世稀少，这一幅也许是其中佼佼者。它的作者是老彼得·勃鲁盖尔（Pieter Brueghel, the Elder），一个绘画家族中最早和最有天分的成员；他被许多人评价为 16 世纪最好的佛兰芒画家。画中所绘的并不是战舰，而是一条武装商船，也许是佛兰德斯或西班牙的，但它很清楚地指向无敌舰队。西班牙为补充无敌舰队，征收了整个西班牙帝国及帝国以外的商船。据我们所知，正式获取的战舰来自威尼斯、热那亚、拉古萨、那不勒斯和罗斯托克，而在错误时间出现在错误地点的英格兰和苏格兰船只也被俘获。这些船全部聚集在里斯本塔霍河（Tagus）河口，共有 130 艘，它们运来 18973 人。同时，帕尔马公爵在荷兰征集了 1.7 万人、170 艘自航驳船及更多平底船，用于运送他的士兵和马匹横渡英吉利海峡。为它们护航的，就是无敌舰队。因此，他们首先要让无敌舰队与帕尔马会合，这需要无敌舰队驶过整个英吉利海峡，摆脱英国海军。

这幅画从一个奇特的角度描绘了伊卡洛斯神话，他带着自制的翅膀飞到太阳跟前。在奥维德[6]原作故事中，犁手、牧羊人和渔人都是次要人物，在这里却占据了突出位置，而伊卡洛斯却成了小角色：画中的他在离那条船船尾不远处一头扎入大海，只留下双脚伸出水面。

诺丁汉伯爵一世查尔斯·霍华德

Charles Howard, 1st Earl of Nottingham

绘画：老丹尼尔·迈腾斯（约 1620 年）

这幅画是无敌舰队覆灭后若干年绘制的，画中的查尔斯·霍华德，时任英国海军总指挥及英格兰海军部长。霍华德是伊丽莎白大臣的典范。他当然很聪明，也许有点卖弄，但毫无疑问很勇敢，且对女王无比忠诚——他是女王的远房表亲。对随后的英格兰保卫战至关重要的是，霍华德对自己的弱点很有自知之明。虽然他有过无数次航海经历，却不是一流海员，也几乎没有经历过任何战争。所以，当海上守卫英格兰的重任委托给他时，他想方设法在身边聚集了一批英格兰最优秀、最凶悍的海上战士。他本人实际上充当了女王和这些战士间的联系媒介。他们的领导者是弗朗西斯·德雷克、马丁·弗罗比舍[7]、约翰·霍金斯和托马斯·芬纳（Thomas Fenner）。历史对这些人，尤其是德雷克，有大量各种各样的解读，但他们本质上是一帮冲动、残暴的海盗，并且他们拥有当时海上最好的战舰。

霍华德因为在与无敌舰队的战争期间指挥了英国舰队，获得极高的声望，这幅画是在他晚年所绘。在他左肩上方，透过窗户能看到颂扬这次战争的画面，已经褪了色，很有可能这里表现的是激战中的霍华德旗舰“皇家方舟”号（*Ark Royal*）。

描绘无敌舰队航线的 11 幅海图中的 3 幅（罗伯特·亚当绘）

Three of Eleven Charts Depicting the Route of the Armada by Robert Adams

雕版、出版：奥古斯丁·赖瑟（1590 年）

英国人拥有良好的战舰和训练有素的战士，虽然这些人算不上绝对可靠。但是，有两个原因让英军难以确定防守英格兰海岸的战略。第一，他们面临双重威胁：部队需要同时监视东面的帕尔马公爵和从西面过来的无敌舰队。举个例子，如果将全部力量放在东部，西班牙人就有可能从英国西南任何一地发起突袭登陆而不会受到抵抗。第二，伊丽莎白一世没有多少维持舰队运转的资金，要想让水手不挨饿，所有安排在时间上都要恰到好处。一个解决办法是先发制人，攻打在科伦纳[8]重新集结、补充给养和重编队列的无敌舰队。英国人尝试了这个做法，但为天气所阻，被迫退回普利茅斯湾。因此，1588 年 7 月 29 日，当无敌舰队驶入英吉利海峡西航道（Western Approaches）时，德雷克和霍华德都在普利茅斯[9]。

这 3 幅海图是战役结束后霍华德委托制作的一套 11 幅中的一部分，描绘了无敌舰队战役中的各个不同

SEMPER · EADEM
The landes end
Seuen stones
Sillye
The Gulphe
Lisarde
The Spanishe fleete
WEST
West
East
South

PARTE OF DEVON SHIRE
Padstowe
Grampounde
Tregwye
Foye
Lowe
Saltesshe
PLIMMOVTH
Dodman poynte
Edie stone
Start point
EAST
The Scale of Englishe Miles * Rober Adamo authore 1588
AVGVSTINVS RYTHER SCVLPSIT
I

图 2：两支舰队在画面左下方互相追逐，“圣萨尔瓦多”号（*San Salvador*）在这里被俘获。右方还显示了波特兰角（Portland Bill）外的战役，这次战役如画上显示的分成两部分，一支稍小的中队正在北边与西班牙加莱赛舰队交战。

阶段。图 1（见前页图）显示无敌舰队正在接近英吉利海峡，还没有形成战斗队形。注意西班牙舰载艇，停在多德曼角（Dodman Point）以东的近岸水域，还请注意一艘从普利茅斯出发的英国瞭望船的航迹。

霍华德率领的英国舰队主力穿过无敌舰队船头之后向西航行；同时德雷克舰队另一部保持在西班牙舰队以北，随后在西班牙舰队向海峡航行时，

图 3：两支舰队离岸更近了，已经到了怀特岛附近。此时英国舰队形成 4 支分队，因为风变小，他们被迫把船拖向无敌舰队。德雷克在南翼猛攻，打散了西班牙舰队的阵形。

抢占了上风位置。最后，两支舰队在西班牙舰队以西会师——即西班牙人的后方、上风处。西班牙舰队此时组成一个新月阵形，长长的两臂保护着中央最笨重的战舰，事实上这种阵形非常有效。

英国人不断攻打西班牙舰队两翼，试图打破它们的队列，而西班牙人则寻求引诱英国人近战，双方都没有达到目的。

西班牙无敌舰队和英国海军的战斗

Sea Battle Between the Spanish Armada and English Naval Forces

绘画：亨德里克·科内利斯·弗罗姆[10]（约 1600 年）

至此，防守英格兰的关键时期已经过去。西班牙军队总司令西多尼亚公爵（Duke of Medina Sidonia）放弃了在怀特岛或斯皮特黑德[11]附近强行登陆，率西班牙舰队返回大洋，意图与帕尔马公爵会师。战局没有什么变化，直到（1588 年）8 月 7 日，西多尼亚公爵在加来沿海锚泊。此时，英国舰队得到增援，人、船配备充足，锚泊在附近。他们把舰队中最小的 8 条船改装成火船，整装待发。其后发生的事件很难解释。西班牙人对火船袭击做好了充足准备：他们设置了一道由小船组成的屏障，意在拦截火船并把它们拖到安全区域。这个做法成功了一部分，2 条火船被截停，6 条穿过屏障——只有 6 条。而加来锚地（Calais

Roads）是一块巨大的锚地，有充足的位置供西班牙船活动规避火船。这幅画显示了西班牙舰队逃跑的时刻，5 条火船在背景中徒劳地燃烧着。

但是，西班牙舰队的反应却是一场远远超过实际威胁的恐慌，据说他们认为这些并非普通的火船，而是特别设计的爆炸装置，有能力造成无法想象的大规模破坏。你可以感觉到前景中那条西班牙船的慌张：它的一条锚链拖在水中，锚已被切断抛弃。这是大部分战舰的一个极普遍的做法，一些还用小锚逆着强劲的潮水移泊。一位当时的西班牙人哀叹："价值十来万达克特[12]的锚和锚链被抛弃在海底。"中景中央的加莱赛战舰"圣洛伦索"号（*San Lorenzo*）撞上另一艘船。仅仅几个小时，整个战争进程便完全改变。西班牙舰队散落在 12 海里的海面上，大部分都没有锚；英国舰队则得到休养、增援，而一场风暴即将到来。

这幅画把不同地点发生的若干事件画在一张画布上，这在海战绘画中很普遍。这样，在画面背景中我们看到火船袭击，而前景中则准确描绘了英国人对一艘大型西班牙战舰的攻击，右边是英国战舰，它射出大部分火炮，转向上风——你可以从它拖着的小船航迹看出它的航向改变——它将在安全位置重新填炮，发动另一次攻击。有可能这艘英国战舰就是德雷克驾驶的"皇家方舟"号，而它攻击的西班牙战舰是西多尼亚公爵本人的"圣马丁"号（*San Martin*）。

英国战舰和西班牙无敌舰队（1588 年 8 月）

English Ships and the Spanish Armada

绘画：英国画派佚名画家（16 世纪后期）

到目前为止，大部分战斗还是发生在两支相对组织有序的舰队之间，而现在，无敌舰队战舰已散布各处，并且西班牙和英国战舰第一次在战斗中持续纠缠在一起。少数几幅当时的绘画较好地表现了加来火船攻击之后的战斗规模，这是其中之一。然而，它不大可能是对一个单一事件的有意识描绘，倒可以看作一幅结构化的漫画。前景中那艘巨大的西班牙加莱赛战舰是穿过英吉利海峡的 4 艘加莱赛战舰之一，这种船是北部水域难得一见的景观。艺术家把它置于画面中心，用它作为无敌舰队“外来特征”的一个最强有力的象征。在它右边是一艘英国战舰的尾视图，也许是霍华德的旗舰“皇家方舟”号，左边是另一艘英国舰首视图，可能是德雷克的“复仇”号（Revenge）。西班牙舰前桅悬挂葡萄牙、莱昂（Leon）、卡斯蒂利亚（Castile）和那不勒斯军旗；主桅飘扬着教皇的交叉钥匙旗；艉旗是腓力二世的皇家军旗。因此，这艘战舰是想作为整个无敌舰队行动的象征。而且它的甲板上是一些有趣的人物。最接近船头站着一个僧人，高举双臂；他后面是一副骨架，穿着宫廷小丑的服饰，一个王官在拽他的胡子。这是一艘朝廷弄臣的船。其他僧人淹死在附近的海里，画面最下方是一个孤独的被抛弃的西班牙人，坐在一条小船上，眼前的事件和自身的绝望让他惊慌失措。他也许代表了无敌舰队指挥官西多尼亚公爵，甚或是腓力二世本人。这里的讽刺再明白不过：它是英国人和新教徒对无敌舰队宗教狂热的回应，对他们信仰的公开嘲笑，这个信仰把他们推向了毁灭。

弄臣之船的具体细节部分。

西班牙战舰“圣马特奥”号的旗帜残片

西班牙舰队涣散的纪律严重影响了其后的战斗。英国人一直小心翼翼，不过于接近西班牙战舰，但是当西班牙舰只四散开来时，英国战舰得以近距离交火，而不必担心会被优势兵力围困、打败。在许多互不联系的战斗中，西班牙人很明显炮弹打光了，只能依靠轻武器火力。其中一艘是“圣马特奥”号，据说战斗开始时，只给它每门炮配备了 30 发炮弹。它受到近距离猛攻，完全瘫痪，在纽波特沙洲（Nieuport Banks）搁浅，遭荷兰人劫掠，一面旗帜被带到莱顿的圣彼得勒斯教堂（Church of St. Petrus），从那里，它又辗转到了莱顿市立布料博物馆（Stedelijk Museum de Lakenhal），保存在那里。

旗帜已经褪色，并且只有军旗上部 12 英尺保存下来，它原先的长度超过 40 英尺。绣在耶稣受难像下的文字也已经失去，但我们从一面不知何时复制的旗帜上得知了它的内容：“噢，基督，请您现身，裁判我们的事业吧”，而且是与西班牙或葡萄牙的皇室军旗悬挂在一起。但是，耶稣受难像的绘制风格比我们认为的 16 世纪 80 年代要悠久得多，据信，它在 1588 年挂到“圣马特奥”号上时，已经有近一个世纪的历史了。仅存的另一面 16 世纪海军旗帜是 1571 年在勒班陀海战（Battle of Lepanto）中缴获的一面土耳其军旗，现保存在威尼斯的海军历史博物馆（Museo Storico Navale）。

I·N·R·I

英国舰队指挥官关于抗击无敌舰队的决议（1588 年）

Resolution of the Commanders of the British Fleet Opposing the Armada

战役结束后，天气再次恶化，狂风不断吹向北方。西班牙人同意“听风由命”，绕过苏格兰北部，再深入大西洋，远离变幻莫测的爱尔兰北部和西部沿海，返回西班牙。他们清楚，这将是一段漫长危险的航程，好在他们的船是为了持久的陆战装备起来的，与英国舰队相比，他们有充足的供给。自战争开始，英国人就供应不足，现在弹药也极其短缺。霍华德与指挥官讨论了下一步行动，决定形成一份决议，所有人一致同意并正式签字。决议明确了当前形势，因此它将保护他们免受失职或怯懦的指控。他们同意向北追击西班牙人，直到苏格兰为止，然后返回。他们还特别着意加上说明，如果拥有足够的食品和弹药，他们将追到天涯海角。如图复印的这份决议，由查尔斯·霍华德、托马斯·霍华德男爵（Lord Thomas Howard, Earl of Suffolk）、谢菲尔德伯爵（Edmund Sheffield, Earl of Mulgrave）、坎伯兰伯爵（George Clifford, Earl of Cumberland）、德雷克、霍金斯和芬纳签署。在右边签字的是爱德华·霍比（Edward Hoby），女王的一位代表。

我们，下方列名者，经协商一致，决定跟踪、追击西班牙舰队，直到我们远离自己的海岸，并肃清福斯湾[13]以东洋面；随后我们将返航，既是为给我们极度匮乏的战舰补充给养，也是为保护、守卫祖国海岸；同时进一步声明，如果我们对给养和弹药的需求得到满足，我们将追击他们至天涯海角。

查尔斯·霍华德，海军部长，“皇家方舟”号指挥官。

托马斯·霍华德男爵，萨福克伯爵，“金狮”号（*Golden Lion*）船长，查尔斯·霍华德的堂兄弟。

埃德蒙·谢菲尔德，马尔格雷夫伯爵，战役期间，他在三艘战舰服役：“无畏”号（*Dreadnaught*）、“胜利”号（*Victory*）和“白熊”号（*White Bear*）。该团体中相对年轻者，年仅 23 岁。他因为家族关系获得目前地位：他是查尔斯·霍华德的外甥。

乔治·克利福德，坎伯兰伯爵，朝臣，著名战士和私掠船主、格斗士。在皇家战舰“伊丽莎白·博纳旺蒂尔”号（*Elizabeth Bonaventure*）服役。克利福德直接向女王报告了西班牙舰队逃跑的消息。

弗朗西斯·德雷克爵士，海盗、探险家、朝臣，“复仇”号船长。

约翰·霍金斯，商人，海军财政部长，海军战略家，“胜利”号船长。

托马斯·芬纳，资深海军指挥官，海军中将，直接向伊丽莎白的情报长官弗朗西斯·沃尔辛厄姆报告。“无敌”号（*Nonpareil*）船长。

We whose names are hereunder written ha[ve] determyned and agreede in counsaile to folowe and pursue the Spanishe fleete untill we ha[ve] cleared oure owne coaste and broughte the F[rith] weste of us. And then to returne backe agai[n] as well to revictuall oure shipps wch stand in [extreme] scarsitie, as also to guard and defend oure owne coaste at home wth further protestatione tha[t] if oure wante of victualles and munitione were supplied we wold ~~[illegible]~~ pursue them to the furthest that they durste have gone.

C. Howard George Cumberland

Thomas Howard Edmond Sheffeild

Fra: Drake Edw. Hoby

John Hawkyns

Thomas Fenner

Determyned by the counsell
[illegible] the Admirall
of the fyghte

加莱赛战舰“赫罗纳”号残骸中的物品

Artefacts from the Wreck of the Galleass *Girona*

到这个阶段，无敌舰队虽然队形散乱，但在很大程度上还是完整的，可当它一路北上时，舰与舰之间开始失去联系。很快，大部分船只都在未知水域和恶劣天气中自顾不暇。它们的地图一点用也没有。从来没人料到这种情况，腓力二世提供的地图都只到马里湾[14]为止。苏格兰和爱尔兰北部水域并非无人知晓，渔民和波罗的海的贸易商船常常光顾，但无敌舰队没有一条船上有熟悉当地水域的引航员。最精明，或者也许最幸运的是，西多尼亚公爵抓住一个当地渔民，把他安全地带回了比斯开湾（Biscay）。但是现在认为，多达35艘战舰在爱尔兰和苏格兰海岸失事，幸存者中的大部分被当场屠杀，一些人被捕，随后也被杀死。最幸运的少数几个被赎回。所有人都被洗劫一空。

许多沉船都被海洋考古学家所识别，并且其中几艘残骸被完全发掘，为我们了解无敌舰队提供了大量信息。出土物品最丰富的几条船之一是“赫罗纳”号，一艘那不勒斯加莱赛战舰，沉没在安特里姆郡的贾恩茨考斯韦角[15]附近。这个形似一本书的盒子（如后图1）是在它失事地点发现的。盒子里装了5只神羔（Agnus Dei）——一种蜡片，用滴下的复活节蜡烛油混合圣油，在梵蒂冈制成并得到教皇赐福。具有讽刺意味的是，最虔诚的人相信，它们会保佑主人避开船舶失事之类的自然灾害。一只神羔本身就被认为具有足够威力，因此，拥有5只并且装在一个如此精致的盒子里，表明它们属于一个地位很高的宗教人士，也许是一位主教。

一枚戒指（如后图2）也是在沉船地点发现的，上面有铭刻的花押字“IHS”，这是“耶稣，人类拯救者”（Iesus Hominum Salvator）的缩写。

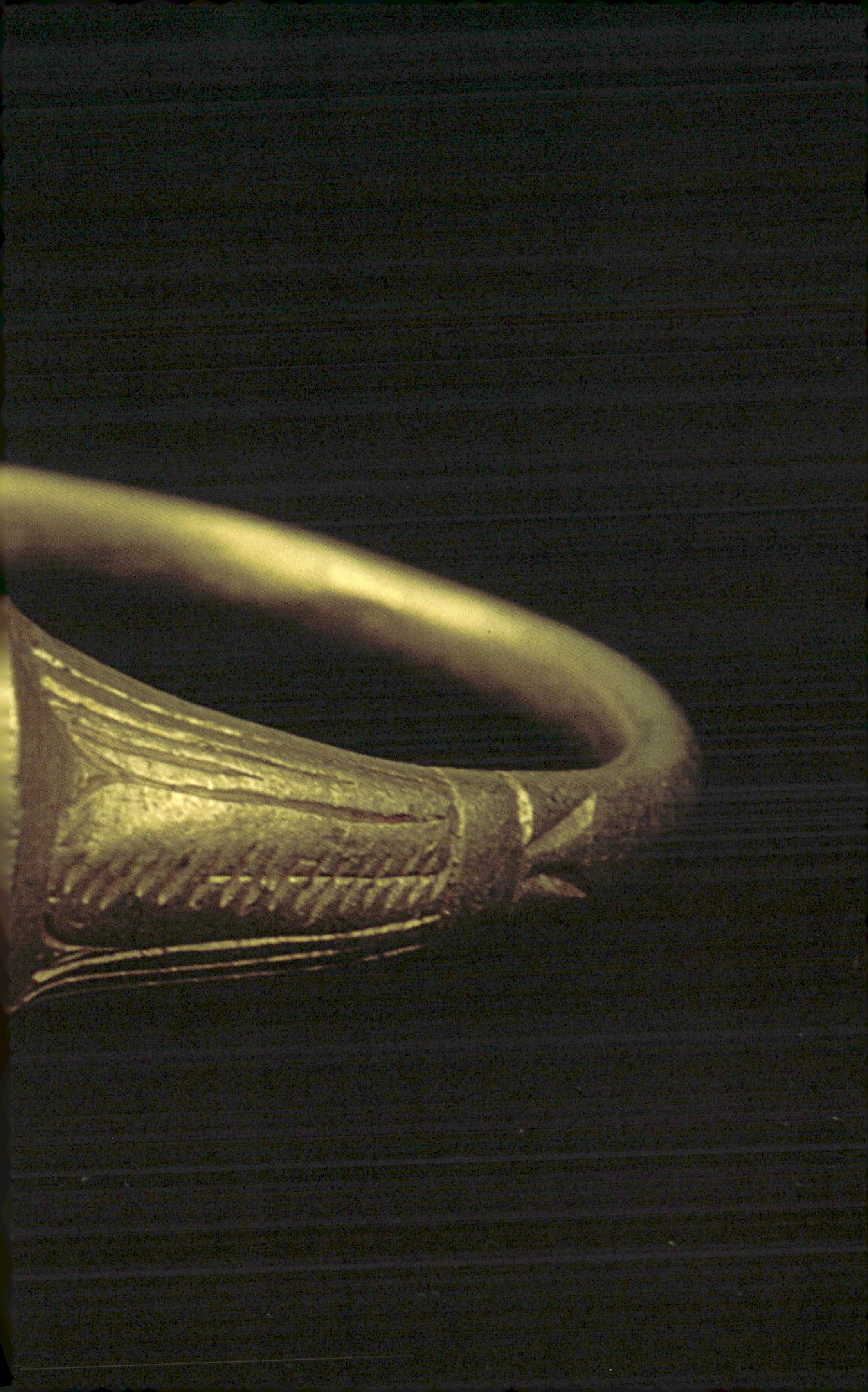

描绘无敌舰队的扑克牌（约 1680 年）

Playing Cards Depicting the Armada

1 个世纪后，无敌舰队的故事被保存在以方块 Q 伊丽莎白为首的一副扑克中。要想通过这些纸牌来了解无敌舰队的故事，你得特别小心，因为它们破绽百出。例如，梅花 A 显示一艘西班牙船在两支舰队的第一回合交战中沉没，但在最初的接触战中，没有西班牙船是这样损失掉的。梅花 2 讲述的火船攻击中有 9 艘火船，而实际上总共只用了 8 艘，并且只有 6 艘接近了西班牙舰队。虽然如此，这些纸牌的制作本身，就说明了 17 世纪 80 年代中期无敌舰队在公众心目中的位置。在信奉新教的威廉三世于 1688 年推翻信奉天主教的詹姆斯二世前夕的动荡岁月中，这个故事充满了传奇，成为反天主教宣传和情绪的神话。

实际上，更广泛的国家政策和宗教问题深深扎根于无敌舰队的故事中，以至于英国人很容易就把它看成一支英勇海军与命运抗争、以少胜多、“打败”西班牙的神话。但现代研究表明，实情远非如此。英国人的火炮技术虽然远胜于西班牙，但是依然在很大程度上造成不了多大破坏，无敌舰队行动的失败必须更深入地从他们准备不足的角度来考察：西多尼亚公爵在驶进英吉利海峡后，甚至还不知道他该在哪里与帕尔马公爵会合、如何将帕尔马的部队送过海峡、他在北部水域的什么地方能找到安全避风港。最后，绝对不要忘了天气。海上风高浪急，无法实施两栖登陆行动，并且在关键时刻，风向也转到了西班牙人的对立面。在帆船时代，每次海军行动的结果或多或少都会受到天气影响，不过无敌舰队受到的影响尤甚。无敌舰队的最大教训不是英格兰对西班牙的优势，而是：英格兰虽然拥有海军，但还是很容易遭到入侵。

威廉三世

（William III，1650—1702）

出生后即继位为奥兰治亲王，因而通称“奥兰治威廉”。他废黜了企图重新将天主教定为国教的岳父詹姆斯二世，于 1689 年登基为英格兰国王威廉三世，1689—1702 年在位。他与妻子玛丽二世的共治时期（1689—1694）通常被称为“威廉和玛丽”（Wlliam and Marry）。

I
Severall strange Weapons taken from the Spaniard which were provided: to destroy ye English
II
The Spa
misfortu

friends
III
Queene Eliz: wth Nobles and
entry and a great number
f people giving God humble
anks in St Pauls Church.
d having set upp the Ensignes
ken from the Spaniards.

IIII
Queene Eliz: Riding in Tri-
umph through London in a:
Chariot drawn by two Hor-
ses and all ye Companies-
attending her wth their Banērs.
V
The P
coming
Army b
the Sp

arma
k with his
is received
ith reproach
VI
More then halfe ye Spanish
ect Taken and Sunck

VII
The Army of 20000 Soul:
:diers laid along y^e Southern
Coast of England.
VIII
The L.^d
English a
keeping t
nds to
Parma's

r wth. 40
Ships
theNether:
rince of
rth.
VI
Arthur Ld Grey, Sr Francis
Knolles, Sr Iohn Norris,
Sr Richard Bingham, Sr Rog
lliams & others in a Councell
war; consulting how ye land
ervuice should be Ordered

伊丽莎白一世女王葬礼仪仗细节（1603 年）

Detail from the Funeral Procession of Queen Elizabeth

1596 年，弗朗西斯·德雷克爵士在一次对西班牙美洲大陆[16]的进攻中失败并丧生。虽然俘获不少单独船只，但西班牙珍宝船队继续避开英国人监视，两国的舰队再也没有在战场上相遇。也许更重要的是，腓力二世对自己的海上力量充满信心，因此虽然 1588 年的无敌舰队行动失败，他还是在 1596 和 1597 年发动了两次针对英格兰的无敌舰队行动。两次行动都拥有更好的战舰和更现实的计划，但都因为天气流产了。但到 17 世纪之初，形势开始有了切实变化。庞大的西班牙帝国再也无力向北欧投放它的海上力量，而英国和荷兰则成为新世纪的重要海军力量。

1603 年，伊丽莎白去世，没有直接继承人。她在位期间加强了父亲创立的英国海军力量的基础。这支海军成立伊始就分成一支国防力量和若干支私人出资、国家承认的私掠船队。后者寻求从外国沿海窃取西班牙财富，虽然成果有限，但在国内外运用海上力量的过程中，英国人获得了宝贵的经验教训，英国海员和战舰可以匹敌全世界的对手。最关键的是，与西班牙的战争清楚地显示出海上力量的价值。

这些图片原本连排在一起，是一幅画从左到右的各部分。它们来自一份记录伊丽莎白女王葬礼的档案，是有史以来第一份英国君主葬礼的图片资料。作为海盗、冒险家和探

人物档案

西班牙珍宝船队
（Treasure Fleets）

指从16世纪开始，由西班牙组织的定期往返于西班牙本土和其海外殖民地之间，运送贵金属和其他特产的大型船队。运输的货物主要包括金银、宝石、香辣料、烟草、丝绸等。

险者，沃尔特·雷利爵士以皇家禁卫军队长（Captain of the Guard）的官方身份参加了葬礼。他恰如其分地评述了伊丽莎白时代的海洋政策。图中的他正在率领仪仗行进。这将是他最后一次正式履行职责，在新国王詹姆斯一世治下，他很快失宠，在伦敦塔被囚禁了13年。从图中我们还可以看到棺材，它是千人行进队伍中的焦点。覆盖着紫色天鹅绒的棺材上绘着真人大小的女王画像。

The Chariott drawne by foure Horses vpon which Charret stood the Coffin couered wth purple Veluett and vpon that the representation, The Canapy borne by six Knights.

footemen.

The Capitaine of the Guard
Sr Walter Rawleigh

理查德·格伦威尔爵士

Sir Richard Grenville

绘画：佚名画家

历史学家用了许多年分析无敌舰队的影响。显而易见，英格兰当然还是一个都铎王室统治下的新教国家，但无敌舰队对西班牙战争历史的影响并非如人们所想象。就像1805年特拉法尔加海战（Battle of Trafalgar）不是拿破仑战争结束的标志一样，几乎全军覆没的无敌舰队并没有给西班牙的战争带来多少影响，它依然如故地进行着，并且又打了15年。特拉法尔加海战之后，拿破仑只是重建了他的舰队；而无敌舰队之后，腓力二世也是同样做法。无敌舰队失败4年后，西班牙人又有40艘盖伦战舰投入建造。与构成1588年无敌舰队主力的笨重武装商船相比，这些舰更快、更灵活、火力更强大。因此，无敌舰队的失败并没有引发西班牙海上霸权的衰落，而是标志着一个新的开始。有个人感受到了西班牙海军力量全部威力，他就是理查德·格伦威尔爵士（Sir Richard Grenville），一位天才海员，亨利八世的"玛丽·罗斯"号船长的儿子。

1591年，霍华德侯爵率领一支海军在亚速尔群岛外游弋，希望能拦截到归国途中的西班牙珍宝船队。但他们遭遇了一支强大的西班牙海军中队，霍华德逃跑了，但执著或者说莽撞的格伦威尔却没有。也许，后者过于旺盛的精力来自一个海员对错过与无敌舰队战斗的终生遗憾——他当时似乎在德文郡和康沃尔郡打理他的产业，而没有能在英吉利海峡与德雷克和霍华德一起与西班牙人战斗。不管出于什么原因，格伦威尔没有追随他的指挥官，而是选择只身冲向西班牙中队。他和他的大部分船员丧生。这幅佚名画家的作品，大概作于格伦威尔死后一个世纪。画像左下方有一行字："1591年，死于亚速尔群岛附近一场海战中。"画中的格伦威尔看起来一脸怒色，这十分符合他的气质。

AN° · DÑI · 1571 ·
ÆTATIS · SVÆ ·
· 29 ·
ard Granville, killed
fight near the Azores.

小贴士

1　西属荷兰（Spanish Netherlands），又译为西属尼德兰，是指1581—1714年西班牙所占领的低地国家南部省份。这一区域包括今日的比利时和卢森堡的全境，及法国和德国北部的部分地区。

2　北欧七年战争（Nordic Seven Years War），又称第一次北方战争，发生于1563—1570年间。瑞典发展为新兴海上强国，丹麦—挪威联合王国为争夺波罗的海霸权、遏制瑞典发展，发动战争。战争虽以丹麦取得优势而结束，但它已没有能力恢复其波罗的海霸权，遏制瑞典的图谋失败。

3　彼得（Peter），耶稣12门徒之一。

4　莱顿（Leyden或Leiden），荷兰城市。1574年，荷兰对西班牙独立战争期间，莱顿被西班牙包围。市民顽强地坚守了131天。在饥饿和疾病的折磨下，市民最后掘开了海堤，淹没了南部的大片地区。荷兰抵抗部队布瓦索的海军舰队得以驶上城墙，运来了面包和鲱鱼，市民从而得救。

5　马拉加（Malaga），西班牙南部安达卢西亚海岸港口。

6　奥维德（Ovid，前43—约公元17），古罗马诗人，代表作有《变形记》《爱的艺术》和《爱情三论》。其中，六韵体史诗《变形记》（*Metamorphoses*）共15卷，描述了罗马和希腊神话中的世界历史，总共包括了大约250个左右的传说。

7　马丁·弗罗比舍（Martin Frobisher，约1535—1594），英国探险家，1576年率队探索西北航线未果；1585—1586年，在弗朗西斯·德雷克爵士率领的加勒比海探险队工作；后来在击败西班牙无敌舰队的战斗中发挥了突出作用。

8　科伦纳（Corunna），是英国对西班牙西北部港口城市拉科鲁尼亚（A Coruña）的传统叫法。

9　普利茅斯（Plymouth），位于英国西南，普利姆河（Plym）流经普利茅斯西部、泰马河（Tamar）流经东部，两条河的河口形成普利茅斯湾（Plymouth Sound）；西南临英吉利海峡。普利茅斯有丰富的航海历史，曾是英国皇家海军的造船基地。

10　亨德里克·科内利斯·弗罗姆（Hendrick Cornelisz Vroom，约1562—1640），荷兰黄金时代的著名风景画家，被誉为荷兰海洋艺术或海景画的创始人之一。

11　斯皮特黑德（Spithead），怀特岛东北海岸和英格兰南部大陆之间的海峡。它提供了进入南安普敦水域，不受恶劣天气影响的安全通道和深水锚地。

12　达克特（ducat），旧时在大部分欧洲国家流通的货币。

13　福斯湾（Firth of Forth），位于英国苏格兰东岸，福斯河的入海口。

14　马里湾（Moray Firth），北海的三角形海湾，位于苏格兰东北部。

15　贾恩茨考斯韦角（Giant's Causeway），即巨人堤道，由总计约4万根六角形石柱组成8公里的海岸。石柱连绵有序，呈阶梯状延伸入海。1986年被列为世界自然遗产。

16　西班牙美洲大陆（Spanish Main），指16—18世纪时西班牙在美洲控制的沿海地区，具体包括加勒比海和墨西哥湾周围的海滨大陆。

第五章

奥斯曼帝国

（约 1520—1669 年）

The Turks

从1099年耶路撒冷被第一次十字军东征的法兰克骑士占领，到1453年君士坦丁堡被土耳其人占领，黎凡特地区几乎不断遭受着基督徒和穆斯林之间战火的搅扰。1453年君士坦丁堡被占时，这个动荡时期被一个相对稳定的时期取代，在此期间，土耳其人巩固了其在东方的地位，开始把目光瞄向西方。接下来的1个世纪，他们在那里建立了一个海上帝国，通过贸易、征服和对敌手的羞辱来聚集财富。占领君士坦丁堡后1年内，土耳其人建起一支装备精良的庞大舰队。然而，他们在地中海的成功靠的不仅仅是海军力量还有众多苏丹涉足该地区复杂政治的意愿。在不同时期，土耳其人与英格兰荷兰和法国结盟，对抗西班牙哈布斯堡王朝[1]和意大利。

这里论及的是一段相当长的时期，大致从1500到1700年。还请特别注意，虽然表面上他们的战争性质是宗教战争，土耳其人实际上是为特定目的、在特定时刻发动战争的——宗教冲突只是他们战争机器背后的战略思想的一个背景。简而言之，土耳其海军力量很容易被看成一个好战帝国的武器，它四处树敌，尤其针对基督教徒，但实际上，情况远比这复杂得多，作为结果奥斯曼帝国成就的影响也更为深远。

因为拥有海军并插手地中海政治的国家数量众多，上述形势显得更加纷乱。威尼斯和热那亚海上冲突的历史悠久，法国、西班牙、英国、圣约翰骑士团及后来的圣史蒂芬骑士团（Knights of St. Stephen）都在地中海活动。奥斯曼帝国扩张到北非沿海后，名义上的奥斯曼国家突尼斯、阿尔及尔（Algiers和的黎波里（Tripoli）开始作为半独立力量，行使他们自己高效运转的海上力量。他们与北非摩洛哥国家各行其是，这些国家最著名的港口是萨莱Salee），他们也以伊斯兰教的名义对基督教的航运发起战争，而且他们的战争方式也与众不同。这些穆斯林的袭击不只掠夺财物，还抓获基督教男女卖为奴隶谋利。这些武士常常被误认为是海盗，他们为了自己的利益会公然宣战。和16、17世纪搅和在地中海海上力量一锅粥里的其他国家一样，他们也在符合自己利益时与其他国家结盟。

如果说，地中海的总体战略和政治形势是一团乱麻，海上战事本身的现实则是清楚的，只有一种战舰类型——加莱战舰，主导着地中海战场。当然海军舰队里也有大型帆船，但这些船数量不多，而且通常只用于运输部队。加莱赛是另一种战舰类型，16世纪70年代由威尼斯人发明，在舰队中只占少数。本质上，加莱赛是加强武装的加莱商船，它们最初的设计是作为商船比常规加莱船大得多，它们速度更慢，但可以携带更多大炮，高出水面更多，并且能装载更多军队。然而，加莱赛从来没有在海战中大规模出现过，所有地中海海军主力依然是加莱舰队。

这一时期的加莱战舰装备着 1 面三角帆，挂在 1 根单桅上，但到这一时期末，它们开始装上两根桅杆。它们通常在船首装备一门重炮，有些船有几门。它们速度快、操纵性极好，但无法避免加莱战法的一个古老问题：它们的作战范围受到桨手需求的限制，尤其是桨手对淡水的需要。以两周为限的作战半径或许是当时大部分加莱船长所能接受的通例。

后勤需要开始明显地影响到随后的战争，尤其是从 16 世纪 60 年代开始，奥斯曼帝国向西地中海扩张的企图屡次遭到失败。他们的根本困难在于，一支大型奥斯曼舰队能够离开君士坦丁堡的最远距离是阿尔及尔。继续西行，加莱舰队战斗力将会下降，参与大规模军事行动的船舶将被迫在君士坦丁堡以外越冬。这些战舰不得不被拖到岸边，如此一来，便很容易受到来自西班牙、法国或威尼斯两栖部队的突然袭击。1565 年，土耳其人不惜一切代价也要占领荒岛马耳他的原因之一，就是要解决后勤制约的问题。因为马耳他拥有地中海最好的港口中的两个，它将为他们进一步西扩提供一块跳板。而这也是他们围攻马耳他失败的主要原因之一：圣艾莫堡垒（Fort St. Elmo）守护着马耳他东北沿海的两座大港，进攻它费时一个多月，多达 6000 名土耳其人丧生。土耳其人要等到获得一处基地，能让他们的舰队躲避冬天的风暴之后，才会考虑进攻比尔古（Birgu）和森格莱阿（Senglea）这样的主要城市。

所以，围攻马耳他是这个时期的标志性事件。圣约翰骑士团只有在得到西班牙的增援后，才得以幸免。在面临土耳其人的侵犯时，这样的合作在那个时期是很典型的。奥斯曼帝国能得到大量材料建造战舰，大量奴隶操作战舰，还有大量天才指挥官指挥它们作战，纵观整个 16 世纪，还没有一个欧洲大国能够单独与他们抗衡。16 世纪奥斯曼的成就是所有海上帝国历史中最有影响者之一，其原因就在于此。

海雷丁（又名巴巴罗萨）

Kheir-ed-Din or Barbarossa

绘画：佚名画家

如果有一个人与奥斯曼帝国海上力量崛起的关系超过任何人，他就是海雷丁（Kheir-ed-Din），这是他在东方的土耳其名字，他在西方被称作巴巴罗萨（Barbarossa）。理解巴巴罗萨的关键是他的名字，译成意大利语是“红胡子”。这幅画清楚显示他的胡子是深色的，晚年又杂入些灰色。对此的解释是，这个名字继承自他那名副其实的红胡子哥哥。小巴巴罗萨的发迹与哥哥的崛起密不可分。1512 年，冷酷者谢里姆继任苏丹时，红胡子哥哥被逐出君士坦丁堡，在非洲北部沿海的突尼斯城建立了一个基地。从那里，他和弟弟发起一场规模庞大的海盗战争，大

人物档案

冷酷者谢里姆
（Selim the Grim）

即谢里姆一世（Selim I，1467—1520），奥斯曼帝国苏丹，1512—1520 年在位，绰号“冷酷者”。他在位期间，为奥斯曼帝国开疆辟土，先后击败波斯萨非王朝、马穆鲁克王朝，将两河流域北部和埃及并入奥斯曼帝国。

获成功。所有妨碍他们的人，尤其是基督徒，都是他们打击的对象。凭借这份骄人的战绩，巴巴罗萨兄弟没有在君士坦丁堡失宠太久，当1520年苏莱曼大帝继承王位时，他们得到了丰厚的回报，哥哥被封为“阿尔及尔总督”（Governor of Algiers）、“西地中海大总督”（Chief Sea Governor of the Western Mediterranean）。哥哥死后，弟弟继承了他的名字和职务。就是这个没有红胡子的“红胡子”将继承哥哥创下的基业，成为历史上最成功的海军指挥官之一。

许多人把他看成一个为苏丹服务而得到提拔的海盗，

人物档案

苏莱曼大帝
（Suleiman the Magnificent）

即苏莱曼一世（Suleiman I，1494—1566），奥斯曼帝国苏丹，1520—1566年在位。苏莱曼大帝是欧洲16世纪杰出的君主，在他的统治下，奥斯曼帝国在政治、经济、军事和文化等诸多方面都进入极盛时期，奥斯曼帝国舰队称霸地中海、红海和波斯湾。

ROVSS

这个评价是不公平的。毫无疑问，奥斯曼海军招收了不少海盗，但只有那些战争经验丰富，对海军后勤和管理有深刻理解以及拥有水兵战斗技能的人才能得到提拔。巴巴罗萨在这些方面的水平超过任何人，还能说地中海各种主要语言。作为海军英雄，他在土耳其和北非受到的尊敬，相当于英格兰的纳尔逊或美国的约翰·保罗·琼斯；而作为海盗和亡命徒，他受到弗朗西斯·德雷克和罗宾汉般的颂扬；他甚至被许多人看成奥斯曼海军的创建者（虽然全然不是那么回事，这也是拜他的声名所赐）。但在现代土耳其文化中，他最大和最长期的影响却来自他寒微的出身。他是一个无名士兵的次子，却成长为 16 世纪的权势人物和史上最伟大的海上战士之一。当他 1546 年去世时，土耳其编年史却仅仅简单地写道："海上之王死了。"

人物档案

纳尔逊子爵霍雷肖·纳尔逊
（Horatio Nelson, 1st Viscount Nelson，1758—1805）

英国 18 世纪末至 19 世纪初的著名海军将领及军事家。他在尼罗河战役（1798 年）及哥本哈根战役（1801 年）等重大战役中带领皇家海军战胜对手；在特拉法加战役（1805 年）中击溃法国及西班牙组成的联合舰队，本人却在战事进行期间中弹阵亡。

人物档案

约翰·保罗·琼斯
（John Paul Jones，1747—1792）

美国海军军官、军事家，曾参与美国独立战争，是美国第一位成名的海军英雄，被称为"美国海军之父"。

庆祝 1535 年西班牙攻击突尼斯城的挂毯设计图

Designs for Tapestries Celebrating the Spanish Attack on Tunis

绘制：扬·科内利斯·佛梅因（1535 年）

1535 年，神圣罗马皇帝查理五世决定采取攻势，阻止奥斯曼帝国扩张。他围攻了突尼斯城，这是当时最大的两栖攻击之一，只有 1522 年土耳其进攻罗得岛圣约翰骑士团的规模可与之相比。突尼斯城战役是这一时期两栖战争的典范，庞大的加莱舰队将地面部队送到目的地，再通过连续不断的海上补给线为他们提供支持。这些画由亲历本次围攻战的艺术家佛梅因（Jan Cornelisz Vermeyen）绘制，作为一条挂毯的图案设计样，记录下了这件大事。该挂毯现悬挂在维也纳艺术史博物馆（Kunsthistorisches Museum），它所描绘的 16 世纪中期之前的海战，在质量和数量方面，只有贝叶挂毯和罗马图拉真凯旋柱（Trajan's Column）可与之媲美。

> **人物档案**
>
> **查理五世**
>
> **（Charles V，1500—1558）**
>
> 即西班牙国王查理一世（1516—1556 年在位），同时又是神圣罗马帝国的查理五世（1519—1556 年在位）。在欧洲人心目中，他是“哈布斯堡王朝争霸时代”的主角，开启了西班牙“日不落帝国”的时代。

查理五世亲自指挥了这场战役，他在第一幅画前景右边的加莱桨战船上。在它不远处是一艘强大的卡瑞克战舰——“圣安娜”号（*Sant'Anna*），它是圣约翰骑士团的旗舰，也是当时世界上最大的战舰之一。整个行动的成功在很大程度上取决于对突尼斯城港口拉古莱特（La Goletta）的先期占领，“圣安娜”号的强大炮火为迅速占领它做出了巨大贡献。后文第二幅画强调了这些作战的两栖性质。绿色货物是马的草料。哈布斯堡王朝入侵获得成功，基督教徒对突尼斯城的控制又维持了 34 年，它成为基督徒成功的孤例，在他们周围，沿海城市继续受到巴巴罗萨的劫掠。

巴巴罗萨的土耳其舰队封锁热那亚港

Barbarossa's Ottoman Fleet Blockading the Port of Genoa

选自纳苏赫·马他契著《苏莱曼一世传》（1545 年）

1536 年，巴巴罗萨占领了威尼斯人控制的 9 座岛屿，即：锡罗斯（Syros）、埃伊那（Aegina）、伊奥斯（Ios）、帕罗斯（Paros）、蒂诺斯（Tinos）、喀帕苏斯（Karpathos）、卡索斯（Kasos）、基西拉（Kythira）和纳克索斯（Naxos），又猛攻科孚岛（Corfu），把岛上大部分原住民掳为奴隶，将 2 万名科孚岛人带回了伊斯坦布尔；随后又于 1538 年的普雷韦扎海战（Battle of Preveza）中，击败了基督教国家联军。在接下来的 33 年中，土耳其控制了地中海。

在此期间，巴巴罗萨最大胆的一次行动发生在 1544 年春，胆大妄为的他用一支 210 艘战舰组成的强大部队包围了热那亚港。表现这次封锁的这幅图来自当时描述苏莱曼大帝历史的一本手稿。巴巴罗萨结束了与法国结盟对抗西班牙的战事后，来到热那亚处理一桩私人事务——解救图尔古特·雷斯（Turgut Reis），他是个有经验的海盗，也是巴巴罗萨的学徒。1540 年，图尔古特被俘，做了近 4 年加莱战船奴隶，后来被关押在热那亚。巴巴罗萨曾就释放他的问题要求谈判，但被拒绝。可是现在，仗着他的封锁部队，他可以威胁轰炸这座城市来强加他的要求。他亲自与热那亚海军司令安德烈亚·多里亚（Andrea Doria）本人谈判，支付了 3500 达克特后，图尔古特获释。这确实是一个意义重大的时刻。

图尔古特获释后，巴巴罗萨立即给了他一支他自己的舰队，他用这支舰队袭击了科西嘉岛（Corsica）、戈佐岛（Gozo）、西西里岛（Sicily），几座第勒尼安海（Tyrrhenian Sea）港口、卡普拉亚岛（Capraia）和整个利古里亚（Liguria）沿海。1 年后，他大规模袭击突尼斯，获得巨大成功，占领了马赫迪耶（Mahdia）、斯法克斯[2]、苏塞（Sousse）和莫纳斯提尔（Al-Munastir）。巴巴罗萨得热病去世后，图尔古特接替他成为奥斯曼帝国舰队司令，准备一场土耳其人极为重视的行动：奥斯曼帝国倾全国之力进攻基督教战士圣约翰骑士团的岛屿要塞马耳他。

后图上能看到建于 1543 年的热那亚灯塔，建在一处自 1128 年起就用于建设灯塔的位置，今天依然能看到它。1449 年，灯塔管理人是克里斯托弗·哥伦布的叔叔。

马耳他大围攻（1565 年）

The Siege of Malta

绘制：伊尼亚齐奥·丹蒂（约 1570 年）

1522 年，圣约翰骑士团被逐出罗得岛。1524 年，查理五世把马耳他岛、戈佐岛和要塞城市的黎波里授予骑士团。他们最初满腹狐疑，因为他们青睐的是西西里岛基地，与此相比，马耳他和戈佐只能算不毛之地，比从地中海冒出来的大石头好不了多少。但马耳他位于西西里和北非海岸之间，战略位置极佳，非常适合拦截从地中海东部到西部的贸易，并且它东北岸的西贝拉斯半岛[3]两侧有整个地中海最好的两个天然良港。作为一处海军骑士团基地，它是再合适不过了。

1565 年的马耳他大围攻只是当时几次大规模两栖战争中的一次，与 1522 年土耳其攻击罗得岛和 1545 年西班牙围攻突尼斯城相当，围攻时间也不是最长的。它的重要性在于它的战斗范围之广。骑士团只有区区约 2500 人的军队，他们的唯一希望是抵挡住土耳其人的进攻，撑到在西班牙组织的救援部队到来。马耳他人获得成功，其原因可以从这幅当时地图中显示的马耳他大港（Grand Harbour）的地理位置中看出来。

M. delle Formiche
S. Elmo
S. Salvatore
Borgo

骑士团部队分守3处重地：圣艾莫堡垒、森格莱阿和比尔古。要打败骑士团，需要进攻全部3处堡垒，因此，马耳他大围攻实际上是一次战役中的3处进攻。地图中央是狭长的西贝拉斯半岛，圣艾莫堡垒在它的最顶端，被土耳其军队完全包围，从他们独特的帐篷就可以看出来。土耳其舰队在左边的马萨姆塞特海湾（Marsamuscetto Inlet）。下方右边是另一座土耳其军营，还有一座在上方右首，它们在向两座防守城镇森格莱阿和比尔古开火。比尔古向海一侧的最边缘是一座独立堡垒——圣安杰洛堡垒（Fort St. Angelo），那里飘扬着独特的马耳他十字旗。土耳其人最初从四面进攻圣艾莫堡垒，但它坚持了整整35天，在面临这样一支占绝对优势的兵力时，它比所有人预想的多坚持了两周左右。土耳其人无法弥补围攻圣艾莫失去的时间和人员，骑士团坚持到援军从西班牙赶来。马耳他依然控制在基督徒手中。

勒班陀海战（1571 年）

The Battle of Lepanto

绘画：乔治·瓦萨里（约 1571 年）

虽然在马耳他损失惨重，土耳其人的地中海霸权依然无人撼动。直到 16 世纪 70 年代初，他们占领了塞浦路斯。塞浦路斯是连接亚欧非 3 块大陆的跳板，对军队和商人都有重要战略意义。但是对于海上大国而言，它还有一项优势：它是著名的铜和木材产地。时至今日，整个岛上依然有近五分之一覆盖着种类繁多的阔叶树和常青树森林。这些资源对造船的各方面来说都理想之极。塞浦路斯被占后不久，为了第二次对抗奥斯曼帝国的侵犯，西班牙、威尼斯和教皇再次联合起来，组成“神圣同盟”（Holy League）。在 3 年的战争中，同盟动用了一支有 240 多艘各型战舰，载有 5 万步兵和 4500 骑兵的强大军队。虽然数字无法确定，但当时的人一致认为土耳其舰队规模甚至更大，也许多达 300 艘战舰。1571 年，双方在勒班陀的会战成为史上最大的海上战役之一。相比之下，1805 年特拉法尔加海战中，参战军舰只有 73 艘，1916 年日德兰海战（Battle of Jutland）有 250 艘。1571 年在勒班陀，如果计入所有各型船舶，总数大大超过 500 艘。

乔治·瓦萨里这幅寓言式的勒班陀作品中，土耳其舰队排列在右边，如此极为整齐的排列严重脱离了海战战法的现实。但是，基督教国家舰队的队形确实如这里所描绘，排成 4 支分队，其中一支列于后方作为预备队，3 支前队之前各有两艘加莱赛战舰。但是，土耳其舰队的队形并非完全与基督教舰队对应。

这不是瓦萨里对勒班陀海战的唯一描绘，教皇庇护五世（Pope Pius V）曾委托他绘制了梵蒂冈教皇宫（Vatican Palace）国王厅（Sala Regia）的壁画，现在依然能够看到。在罗马科隆纳宫（Palazzo Colonna）和威尼斯公爵宫（Ducal Palace）的长廊中也有类似艺术作品。勒班陀海战还受到诗人、教士和小说家的狂热歌颂。如果土耳其人获胜，他们将进入北亚得里亚海（Adriatic Sea）和第勒尼安海，从而直接威胁威尼斯和罗马。土耳其人兵败勒班陀打破了土耳其海上力量不可战胜的神话。

勒班陀海战（1571 年）

The Battle of Lepanto

绘画：安德烈亚·米基耶利·维琴蒂诺（约 1571 年）

这幅勒班陀海战图在描绘激战中的混乱这方面更为真实，尤其是中央编队的混战。它的不真实之处在于它太清楚了，画上几乎看不到硝烟，而实际上，这次战役是在船首装备着强大火炮的加莱战舰之间进行的，有些舰上的副炮也不是纸老虎，一些士兵装备着火绳钩枪和滑膛枪。这些无疑很好地说明了两个舰队的指挥官的指挥难度。他们是奥地利的唐·胡安（Don Juan de Austria）（神圣罗马皇帝查理五世的一个私生子）和阿里·帕夏（Ali Pasha），他俩指挥的加莱战舰充其量只比海面高 15 英尺，而两艘旗舰却被围在数以百计相似高度的同类战舰中间。随着战斗进行，愈发难以判断战况的进展。

神圣同盟在勒班陀的胜利是海军史上的决定性胜利之一，部分原因是，双方舰队的唯一战斗目的是寻求摧毁敌人。这种情况很罕见。除了摧毁尽可能多的敌舰之外，他们没有其他隐藏的或短期的战略动机。双方带着几个世纪的宗教仇恨，激战至僵持状态。土耳其人共损失了 180 艘加莱战舰，基督教国家损失了 12 艘。人员损失没有公认的数字，但不少来源提到，土耳其伤亡 3 万人，还有加莱战舰上的 1 万基督教奴隶被解救。有意思的是，有一支土耳其部队主力在战斗中表现极为出色，它便是巴巴罗萨建立、后由图尔古特·雷斯指挥的阿尔及利亚中队——离世 25 年之后，依然能够强烈感受到巴巴罗萨的影响。

阿里·帕夏在画中的细节像。

奥地利的唐·胡安在画中的细节像。

西班牙战舰与巴巴里[4]海盗船交战

Spanish Men-of-War Engaging Barbary Corsairs

绘画：亨德里克·科内利斯·弗罗姆（1615 年）

虽然基督教国家大胜而归，出人意料地，勒班陀海战对地中海随后不断发生的战争影响却很小。建造加莱战舰并不费时，土耳其的损失很快得到弥补。倒是海战的性质发生了变化。最近半个世纪的经验告诉威尼斯、土耳其和西班牙人：他们无法向远方投送海上力量——传统的地中海两栖加莱战舰战法根本不能满足远征的要求。随着西班牙和奥斯曼帝国致力于其他地方的战争，庞大笨重的地中海加莱舰队时代成为历史。这反过来导致海盗再度猖獗，尤其是北非巴巴里各国和其他欧洲国家的海盗。以巴巴里沿海港口为行动基地的荷兰和英国海盗扮演着重要角色。

这幅画显示了西班牙船队和巴巴里海盗加莱船之间的一场海战。前景中一艘加莱海盗船正在沉没，赤裸着上半身的奴隶船员在下沉的船上绝望地拼命挣脱锁住他们的铁链。这幅画落款是科内利斯·弗罗姆，日期写在正在沉没的船桅上。过于拥挤的场面大概是为了艺术效果而作的夸张，但它也极好地显示出，与 17 世纪早期全副武装的多层甲板快速风帆战舰作战时，加莱战舰所冒的巨大风险。

马格里布[5]单刀（约 1676 年）

Maghreb Nimcha

我们逐渐开始更多了解巴巴里海盗在英格兰的影响，但是其证据却难得一见。尤其是因为他们的袭击属于那种速度极快的方式，他们曾在不列颠群岛出没过的物证极为稀少。这是为数不多在英国的收藏品之一，虽然准确的时间、地点不明，但我们认为它来自某个巴巴里海盗。在某个时期，它落在海军中将托马斯·霍普森（Vice-Admiral Thomas Hopsonn，1642—1717）手中。我们知道，17 世纪 70 年代，他在打击阿尔及利亚海盗方面非常活跃。很有可能，1676 年，他早期在英国皇家海军“龙”号（HMS[6] *Dragon*）服役时，参与拿捕了一艘巴巴里贩奴船。起初刀上有两块大红宝石，镶嵌在刀柄末端圆头附近。刀的设计与阿布德·瓦赫德的佩刀没什么不同，他是派到伊丽莎白一世王室的摩尔使节。它也很像另一把现在保存在阿姆斯特丹国家博物馆（Rijksmuseum）的刀，我们确知那把刀是 1648 年荷兰海军指挥官科内利斯·特龙普（Cornelis Tromp）从巴巴里海盗手中缴获的。因此几乎可以确定，这曾经是某个巴巴里海盗的刀。

派到伊丽莎白一世王室的摩尔使节阿布德·瓦赫德[7]

Abd El-Ouahed, Moorish Ambassador to Queen Elizabeth I

绘画：佚名画家，约创作于 1660 年

这幅阿布德·瓦赫德画像是有史以来第一幅在英格兰绘制的穆斯林画像。他看上去凶恶可怖，然而实际上，他是来谈判结成一个进攻西班牙的军事联盟的。摩尔人[8]在 15 世纪 90 年代深受天主教西班牙和宗教裁判所迫害之苦，因此他们虽然强烈反对基督教，但对新教要比对天主教宽容得多。他的到访给伊丽莎白王室留下良好印象，并催生了一个活跃的文化交流时期。然而，在海盗受到"转变为土耳其人"的基督教叛教者的鼓励，学会驾驭北欧大型远洋船舶，并且开始在巴巴里港口发动袭击时，这个亲密时期结束了。17 世纪初，巴巴里海盗涌出地中海，开始袭击大西洋沿岸的西班牙、葡萄牙、法国、爱尔兰、纽芬兰、冰岛，当然还有英格兰。据估计，1620—1630 年间，康沃尔郡和德文郡贸易的整整五分之一被巴巴里海盗掠夺。海盗甚至在布里斯托尔海峡（Bristol Channel）中部的兰迪岛（Lundy Island）建立了一处基地。而且，对贸易的掠夺很快导致对人口的掠夺——贩卖奴隶更有利可图，海盗的袭击也更肆无忌惮。1625 年，海盗从彭赞斯（Penzance）一座教堂掳走了教堂的全部教众。1616 至 1642 年间有 6500 到 7000 人被抓走，其中一半来自西方国家。

背景链接

宗教裁判所
（Inquisition）

即异端裁判所，是中世纪天主教会审讯和判处异端分子及其学说的机构。1220 年教皇洪诺留三世通令建立，主要设置在法国、意大利、西班牙等地。西班牙的宗教裁判所尤为猖狂，1483—1820 年间受迫害者约 30 万人。16 世纪中叶起，随着教皇权势下降而渐趋衰落。

1600

BDVLGVAHID.

LEGATVS REGIS BARBARIÆ
IN ANGLIAM.

ÆTATIS:42.

◂上页图

英国战舰与巴巴里海盗交战（约 1680 年）

An English Ship in Action with Barbary Corsairs

绘画：小威廉·范德维尔德（约 1685 年）

为对付海盗威胁，英国人派出海军中队到地中海，为易受攻击的商船提供武装护航。海盗船毫不畏惧，他们成群结队出动劫掠。至少有 2 次，英国商船受到一个中队的海盗船袭击，一起航行的海盗船多达 7 艘。只要海军船与海盗船相遇，战斗必将是惨烈的。现代西方人大抵都知道，海盗船会把抓到的人作为奴隶，但他们常常忽视了英国人也会以同样手段回报他们。赫伯特海军上将（Admiral Herbert）指挥地中海中队时，海军部给他的明确命令就是把抓到的俘虏作为奴隶卖掉；并且，这些奴隶从英国殖民地丹吉尔（Tangier）的奴隶市场，被定期运往热那亚、里窝那（Livorno）、卡利亚里（Cagliari）（位于萨西尼亚）、马翁港[9]（梅诺卡岛）、阿利坎特（Alicante）、马拉加和加的斯（Cadiz）的大型奴隶市场。我们甚至知道，1679 年，赫伯特卖出 243 个奴隶，获得 16862 枚西班牙银元[10]。其他时候，他也会用这些俘虏去交换被俘的基督徒奴隶。摩洛哥皇帝穆莱·伊斯梅尔（Mulai Ismail）的梦想是："在你们英国的海洋中巡航，抓住你们，就像你们对我们的所作所为……" 双方因此都将对方当成掠夺者、掠夺自由的猎手。

这幅描绘不知名战斗的油画显示了 1 艘英国双甲板舰正在与 1 艘巴巴里双甲板船、1 艘加莱船和 1 艘无法识别的悬挂一面宽大红色旗帜的巴巴里船交战。右边前景中，加莱船的船首正在下沉。正在燃烧的那艘巴巴里船悬挂独特的土耳其绿色旗帜，上面装饰着新月、太阳和星星。

洛伦佐·马尔切洛指挥的威尼斯人在达达尼尔海峡[11]战胜土耳其人（1656 年）

Victory of the Venetians under Lorenzo Marcello Over the Turks at the Dardanelles

绘画：彼得罗·利贝里

这一时期，并非只有穆斯林从事海盗活动。一支大名鼎鼎的海盗力量就是圣约翰骑士团，他们经受了两次对马耳他的大围攻，开始对所有穆斯林和基督教异教徒进行有条不紊地侵略。1644 年，他们俘获一艘巨大的土耳其盖伦帆船，船上 600 名船员中，只留下一半多一点的活口。抓获的人中有一位奥斯曼苏丹的妻子和她年轻的儿子，他们是从麦加回国。骑士团载着他们的重要战利品返回马耳他，途中短暂停靠了一些富裕的威尼斯港口。好战的新苏丹求之不得，他正需要借口进攻一些富裕的威尼斯属国。他看中了克里特岛。

土耳其军队在克里特岛登陆，站稳脚跟后，土耳其舰队返回达达尼尔海峡。威尼斯海军战略在未来几年的一个主要方面，就是围绕着封锁达达尼尔海峡，防止更多增援到达克里特岛。经过 10 年小规模战斗，1654 年，战争性质改变，达达尼尔海峡口发生了一系列大规模舰队的对战。这幅油画歌颂了这些战役中的第二次，发生在 1656 年 6 月初。双方势均力敌，但是风向突然改变，土耳其人困在一片背风的海岸，战斗队形四分五裂，被威尼斯人彻底打垮。这是自 85 年前的勒班陀海战以来，奥斯曼帝国最严重的海军惨败。为庆祝这场辉煌的胜利，著名艺术家彼得罗·利贝里（Pietro Liberi）受托为总督宫（Doge's Palace）投票厅（Sala del Scrutinio）创作了这幅作品。今天，它依然悬挂在那里。

画面中心画了一位身材魁伟的奴隶正在猛击一个土耳其人，因此，这幅画更广为人知的名字叫《利贝里的奴隶》（*The Slave of Liberi*）。虽然它看起来像是利贝里在找理由展示他描绘人物形体方面的才能，奴隶话题却是利贝里的亲身经历：他曾被巴巴里海盗俘虏，做了 8 个月奴隶。

FRANCO: MOROSNI: CAPN: GNALE INSEGVI
NVMEROSA ASSAI DELLA VENETA AR
PRENDE.

MATA TVRCA, CHE FVGGE SEBENE PIV̀
DELLE PIV̀ GROSSE GALERE, E LE
E 1659.

弗朗切斯科·莫罗西尼指挥的海战场面

Scenes of the Naval Battles of Francesco Morosini

17 世纪威尼斯画派作品

在克里特岛指挥威尼斯军队的是弗朗切斯科·莫罗西尼（Francesco Morosini），他注定将成为威尼斯最优秀的总督之一。莫罗西尼富有创造力、好战，虽然最终被迫带领干地亚王国[12]及克里特本岛向土耳其人投降，但他作为一名海军指挥官的能力却成为克里特战争中的亮点。这里有两幅歌颂莫罗西尼海上冒险的画，第一幅（见前一跨页）描绘的是他在 1659 年 4 月追击一支土耳其舰队。这是一条很有价值的提示：虽然克里特战争以持续 21 年的干地亚围攻为中心，并以最长的围攻载入史册，但威尼斯海军的行动——封锁土耳其军队，为克里特岛的补给护航，攻击邻近的土耳其属地、分散土耳其军队——也在延长这场战争中起到了重要的作用。在这里，莫罗西尼追击一支土耳其部队并缴获两条船，随后继续航行到希腊和小亚细亚，在那里发动了成功的袭击。

250 年后，威尼斯和奥斯曼帝国又一次卷入战争，这一次，是土耳其人试图遏止威尼斯的扩张大潮。威尼斯这次扩张的目的是重新夺回之前一个半世纪丢掉、被土耳其人占领的大量土地。土耳其人的注意力则被吸引到了多瑙河边境的动荡局势，尤其是他们于 1683 年在维也纳被打败。威尼斯人趁机重启地中海战争。这次战争的一个有趣阶段是威尼斯人围攻占领了伯罗奔尼撒半岛（Peloponnese）最大的天然港口纳瓦里诺[13]，守卫它的是黎凡特地区最坚固的城堡之一。这些本来都是威尼斯属地，1499 年被奥斯曼帝国占领。威尼斯在这次战争中占得上风，再加上莫罗西尼的赫赫威名，威尼斯军队在海滩上刚刚登陆，纳瓦里诺立即不战而降。为了彰显这次功绩，画家创作了第二幅画（见后一跨页）——背景是一座城堡，其基本地形是正确的：纳瓦里诺城堡建在一座近 500 英尺高的山脊顶端。两年后，莫罗西尼被选为总督，并且仅仅两年之后，威尼斯以纳瓦里诺城堡为管理中心，控制了整个伯罗奔尼撒半岛。

FRANCO: MOROSI: KR: PROCR: E CAPN: GN
VNA VOLTA DICEVASI IL ZONCHIO
DI OGNI GENERE E CANONI

CQVISTA NAVARIN VECCHIO CHE
ZA NELA MOREA, E. VI PRENDE MONI:[NI]
AN NVMERO GIVGNO 1686

弗朗切斯科·莫罗西尼总督的加莱战舰舰艏雕像

Prow-figures from the War Galley of Doge Francesco Morosini

弗朗切斯科·莫罗西尼是威尼斯历史上第一位集总督和威尼斯军队总司令于一身的人物，也是威尼斯最后一位军人总督。他受到特别的尊敬，因为在17世纪80年代，他在很大程度上重拾威尼斯被土耳其无情剥夺的光荣和自信。这副壮观的木质雕像各长近10英尺，曾经装饰在他的旗舰船首左右两舷。雕像表现了半裸、光头、戴着锁镣的土耳其人，被围在缴获的土耳其武器和旗帜之中。它们是莫罗里尼的战士信念和海上意志的最好

体现。

虽然这一组船舶雕像的主题引人注目，但这样的建造质量在威尼斯加莱战舰中并不少见。他们的武器质量尤其精良。无一例外，每件保存下来的威尼斯加莱战舰军械都展现了高质量的材料和制作工艺。虽然从这些雕像中，人们会认为威尼斯火炮也是装饰华丽，实际情况恰恰相反——它们简单实用，其结果就是，威尼斯战舰更轻、更快，也更灵活。

那不勒斯码头及“新城堡”景色

The Darsena Delle Galere and Castello Nuovo at Naples

绘画：加斯帕·范维特尔（1703 年）

16 和 17 世纪大部分时间里，奥斯曼舰队控制了黎凡特大部分地区，海盗则从北非巴巴里沿海不断袭击商船，尽管如此，地中海一些地区相对并没有受到冲突的影响。那不勒斯就是这些宁静港口中的一颗明珠。

这幅荷兰画家加斯帕·范维特尔（Caspar van Wittel）描绘的那不勒斯港景色尤其有代表性。从 1650 年起，那不勒斯成为荷兰商人和旅游者的向往之地。另一个荷兰人描写那不勒斯的句子在现代游记中找到了共鸣：

景色宜人，漫步码头，可以远眺著名的米塞努姆[14]、普罗奇达（Procida）和其他海角，还能看到劳作的工人，看到为帆船和加莱船出海所做的准备，这里停泊着四五十艘这样的船。

范维特尔选择创作一幅体现这个理想化景观的画：平静、宁谧，没有一丝紧张忙乱，没有舳舻相接。虽然描绘得极其精细，但与现实中拥挤不堪的码头却截然不同。在这个细节丰富的场景中，两艘三角帆加莱船泊在军火库的正前方的码头里，船上搭着天篷，为桨手遮挡阳光。它们后面的浅色建筑里住着加莱船高级船员和港口官员。右边的城堡叫新城堡，曾经是安茹的查理一世和阿拉贡的阿方索的王宫。中央靠右，

一艘热那亚商船正被侧倾着修理船体——这幅画作于1703年，离第一座出现在没有潮汐的地中海的干船坞还有51年。左边能看到一艘法国船船首，前景中是各种商人、水手、游客。他们脚下散放着各种物品，包括一根折断的加莱船桅杆。

因此，这幅画是一个有力的提醒：就在奥斯曼和威尼斯在黎凡特地区打得不可开交、巴巴里海盗日益胆大妄为时，地中海依然有大片地区处于长期和平之中。那里贸易繁荣，人民富足，而且最为重要的是，荷兰的影响力变得无处不在。随着荷兰人实力和财富的增长，他们开始招来英国邻居嫉妒的目光。后者也和荷兰人一样拥有对大海的痴迷和帝国野心。英国和荷兰的战争一触即发。

背景链接

新城堡王宫
（Castello Nuovo）

安茹的查理一世（Charles I of Anjou，1226—1285）法国国王路易八世之子，那不勒斯和西西里国王，1266—1285年在位。在位期间将首都从巴勒莫迁到那不勒斯。

阿方索（Alfonso of Aragon，1396—1458），阿拉贡和西西里国王（1416—1458年在位），也是那不勒斯国王（称阿方索一世，1442—1458年在位）。在位期间，将阿拉贡宫廷搬到那不勒斯。

小贴士

1　哈布斯堡王朝（Habsburg），欧洲历史上统治领域最广的王室。哈布斯堡王室于1504—1700年统治西班牙。这一词也可以特指查理五世的统治或西班牙帝国。

2　斯法克斯，原著中拼作Sfaz，一般拼写为Sfax。

3　西贝拉斯半岛（Sciberras Peninsula），今瓦莱塔半岛（Valletta Peninsula）。

4　巴巴里（Barbary），16至19世纪的欧洲人对马格里布（参见下条）的称呼，即北非的中西部沿海地区。

5　马格里布（Maghreb），古代原指阿特拉斯山脉至地中海海岸之间的地区，后逐渐成为摩洛哥、阿尔及利亚和突尼斯三国的代称。该地区传统上受地中海和阿拉伯文明影响，同时也与撒哈拉沙漠以南的非洲地区有着密切的贸易往来，因此形成了独特的文化。

6　HMS，即Her/His Majesty's Ship首字母缩写，意为"国王或女王陛下的船舰"，用于英国等一些君主制国家对其海军舰只名称中。

7　阿布德·瓦赫德，全名阿布德·瓦赫德·本·马苏德·本·穆罕默德·阿农（Abd El-Ouahed Ben Messaoud Ben Mohammed Anoun）。

8　摩尔人（Moors），泛指8—13世纪从北非西部进入并统治伊比利亚半岛的柏柏尔人和阿拉伯人。15世纪末，西班牙收复半岛后，被迫放弃伊斯兰教，改信基督教。

9　马翁港，原著为Port Majon，现多拼写为Port Mahon。

10　西班牙银元（Spanish dollar），旧时西班牙和拉丁美洲国家通用的货币，直径约38毫米，因其价值相当于8个西班牙里亚尔，故也称作：pieces of eight；在中国称作本洋、佛头银等。

11　达达尼尔海峡（Dardanelles），连接马尔马拉海和爱琴海的海峡，是亚洲和欧洲的分界线之一。

12　干地亚王国（Kingdom of Candia），克里特岛作为威尼斯共和国海外殖民地时的正式名字。

13　纳瓦里诺（Navarino），今希腊皮洛斯（Pylos）。

14　米塞努姆（Misenum），今米塞诺角（Cape Miseno）。

第六章

英荷海上争霸

（约1607—1678年）

English and Dutch Sea Power

历史学家对于“大航海时代”（Great Age of Sail）始于何时并无公论，但可以确定的是，到1678年荷兰战争（Dutch Wars）结束，决定这一时代的大部分特征已经具备。以线形队列作战的强大海军开始争夺海上霸权。尽管加莱战舰没有完全消失，但它也只在地中海和波罗的海这些相对平静的浅水海域还算得上是一支重要力量。这是一个以风帆战舰组成的庞大舰队争夺制海权的时代。

这些海军的身份尤其有意思。到1678年，英国、荷兰和法国主导了海上战争，在英吉利海峡和北海争夺制海权。值得注意的是，西班牙海军在上述地方立足的努力屡次失败，只能越来越专注并局限于远洋巡航，以保护美洲和亚洲贸易。波罗的海形势也发生了重要变化。17世纪初，瑞典海军成长壮大，到1610年，其规模达到英国海军的两倍。然而到了1650年，瑞典的波罗的海霸权开始受到丹麦—挪威联合王国的挑战，英国海军则在克伦威尔的军事独裁统治下飞速发展，比波罗的海任何一个海上强国都要庞大近三分之一，与之匹敌的只有荷兰，然后是30年内发展起来的法国。

大航海时代的开启具有区别于其后时代的独特特征。特别是，虽然18世纪有几次战役发生在规模庞大的舰队之间，但荷兰战争的舰队战役规模让它们黯然失色。百艘舰队之间的战役是家常便饭。参加这些战役的战舰也是一个特征，它们稳定性太差，炮门离水线过近，风高浪急时，无法发射最底层甲板的火炮，除非冒着海水从炮门涌入的风险。这个设计缺陷影响到后期的战舰，但一点也没有影响到荷兰战争的规模。

荷兰战争的另一个特征是战斗中的攻击性。大多数情况下，当英国与荷兰舰队冲突时，双方都极不寻常地铆足了劲，想给敌人造成尽可能多的伤害。这样说似乎令人意外，但在帆船战争中，交战双方都想拼个你死我活的情况极为罕见：海战通常是为了实现一个更广泛的战略目的，这就要求某种程度的克制。例如在18世纪，法国舰队通常收到直接具体的命令，要求他们尽最大努力避免交战。

这一时期的决定性特征，也许是最重要的特征是，期末之时舰队第一次以纵列队形战斗，以期最大化地利用舷侧炮火的潜力。伊丽莎白时期不断运动的炮战策略成为历史。现在，这些战舰更长、更宽、更重，无法快速机动，但它们能够在舷内装填炮弹，可以在纵列队形中保持相对航向，用舷侧炮火接战。为了使这种做法更容易，在某些情况下，战舰排成长长的平行队形互相对射。虽然第一例这样的战役记录在这一时期的文字和图画中得以体现，但事实上即使他们想这样做，列队战斗也是很难实现的。特别是，还没有人知道如何最好地运用纵列队形，也许只是因为这是操纵舰队的最显而易见的方法，因此必须使用这种做法。

随着日益渐进的趋势，战舰本身也变得越来越大，炮火越来越强。这一时期的战舰，尤其是英国战舰设计的特征是造船师给它们塞进尽可能多的大炮，这在许多情况下严重影响了它们的性能。虽然大型武装船舶在舰队交战时很有用，荷兰战争中的大部分战斗是为了保护贸易，尤其是防止它遭到以敦刻尔克（Dunkirk）为基地的西班牙快速私掠船的袭击。英国人采取的对策是护卫舰。第一艘护卫舰“忠诚的沃里克”号（*Constant Warwick*）建于1645年，它是在两艘缴获的敦刻尔克私掠船的基础上设计的。与18世纪的单层炮台甲板等后继船型不同，这一时期的护卫舰常建有两层全通炮台甲板，但与战列舰不一样的是，它们狭长、低矮、速度更快。因此，一支战斗舰队由设计、船型不同的各种战舰组成，从大型战舰到护卫舰，还不断有武装商船列身其中。然而，统一战舰的型式是大势所趋，因为纵列战斗经验表明，纵列队形中的理想战舰是尺寸和速度的均衡，而强大、坚固的双甲板战舰似乎是一个解决之道。

于是，在这场围绕荷兰崛起为海上强国的战争中，这些双甲板战舰也加入了战斗。荷兰拥有优秀的海员、先进的船舶和环球贸易方面的激进策略，这个策略最初是西班牙禁运催生的——禁运剥夺了荷兰商人贸易香料一类奢侈品的机会。荷兰人的对策是把他们与西班牙的长期战争打到海上，以西班牙战争机器的薄弱环节珍宝船队为目标，用武力为自己争得他们在奢侈品贸易市场的份额。和荷兰人如此跻身环球海上贸易开拓者的行列一样，英国人也向荷兰榜样看齐。两个数代以来并肩对抗天主教攻击的新教国家，作为贸易竞争对手，在英吉利海峡和爱尔兰海（Narrow Seas）你争我夺。巨大财富和帝国前途全系于此，双方一步不让。这种对抗与新技术的结合带来了有史以来规模最大、时间最久的海上战役。

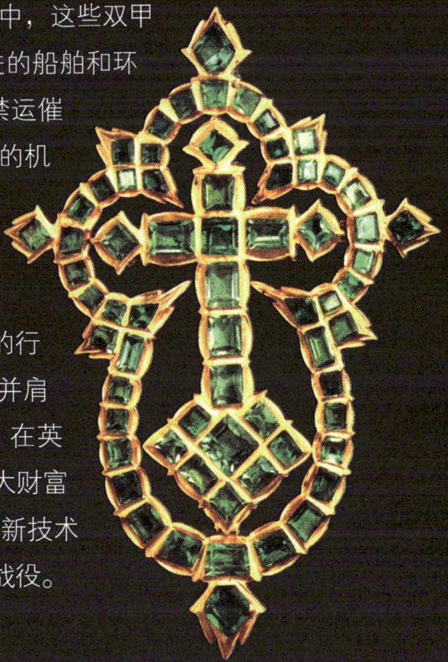

雅各布·范海姆斯凯克海军上将的盔甲及1607年直布罗陀海战

Armour and Helmet of Admiral Jacob van Heemskerck & the Battle of Gibraltar

绘画：亨德里克·科内利斯·弗罗姆

1607年，雅各布·范海姆斯凯克海军上将指挥的一支荷兰舰队被派到西班牙和葡萄牙沿海。范海姆斯凯克是16世纪末、17世纪初荷兰海上力量成长和成就的集中体现。在一个私掠和公共战争之间界线尚不明朗的时代，范海姆斯凯克因其众多的海上伪装而闻名。如今，他既是率领强大舰队攻击西班牙人的指挥官，同时还是一个航海家、探险家、海盗和商人。他曾远航印度洋和大西洋，驶过北海和英吉利海峡，甚至参加了寻找到达中国的东北通道的远征。在此过程中，他发现了位于巴伦支海（Barents Sea）西北的一片遥远的岛屿，今称斯瓦尔巴群岛（Svalbard）。

但现在，荷兰人只想打仗。1607年春，他们航行到直布罗陀港，突袭了一支有21艘战舰的西班牙舰队，这支部队主力由10艘大型盖伦战舰组成。范海姆斯凯克的战舰、人员和炮火数量都不及对手，而且荷兰战船比他们的西班牙对手小得多，但荷兰人使用了2船袭击1艘西班牙大船的战法。范海姆斯凯克领导冲锋，撞上西班牙旗舰。经过一阵激烈战斗，西班牙火药仓库爆炸，炸毁了旗舰，

大火蔓延到整个船队。随后又有两艘西班牙战舰也发生了爆炸。荷兰囚犯被找到，他们声称在战斗最激烈时，西班牙人曾准备杀死他们。荷兰人屠杀了所有西班牙水手，其中大部分已经掉在海里。

这幅画显示了左边荷兰旗舰和右边西班牙旗舰的巨大尺寸差异，而后者正在爆炸的威力下分崩离析。在战役和随后的屠杀中，荷兰损失了100人，而西班牙损失了3000至4000人，以及他们的全部战舰。这是荷兰舰队历史上第一次重大胜利。范海姆斯凯克在战斗初期的丧生大大降低了人们对荷兰人残忍行为的关注。与纳尔逊在特拉法尔加死后的故事相似，范海姆斯凯克的尸体被保存起来，带回荷兰，并为他举行了隆重的国葬，这在荷兰共和国历史上是第一次。另一个与纳尔逊极相似的是，纳尔逊去世那天穿的制服展示在格林尼治，而范海姆斯凯克的全副盔甲展示在阿姆斯特丹的国家博物馆，只是少了一块腿甲，它被一发夺去他的腿和生命的炮弹打掉。

背景链接

东北通道
（Northeast Passage）

今又称“北方海路”，是一条沿欧亚北部沿海的航线，从大西洋经北冰洋到太平洋。多年来，人们一直寻找这样一条可能的到达东方的贸易航线。第一个航行在这条航线上的是瑞典北极探险家巴龙·努登舍尔德（Baron Nordenskjöld，1832—1901）。

东印度公司的荷兰船

Dutch Ship of the East Indies Company

17 世纪日本版画

摧毁直布罗陀的西班牙舰队对荷兰海上帝国的扩张至关重要。虽然常常受到不确定大风的干扰，但直布罗陀的港口很大，以此为基地的舰队可以控制这条狭窄海峡、拱卫地中海进出口，这是宝贵的荷兰贸易从黎凡特回国的必经之路。并且，直布罗陀还提供了到达印度洋甚至更远的大西洋贸易航线的通道，它现在也在荷兰人的开发之列。到 1607 年，荷兰人已经正常从事亚洲货物贸易近 10 年，并且于 1603 年在西爪哇岛（West Java）建立了他们的第一个永久贸易站。荷兰商人是驾着优秀船舶的天才海员，他们的策略是攻击性的，因为他们不得不如此。他们被迫进入亚洲奢侈品贸易，因为在腓力二世的统治下，开创这一贸易的葡萄牙人与西班牙人联合起来，而他们正与后者交战。打败西班牙，这一海外贸易就能畅通无阻。

荷兰贸易开发的关键在于日本在这一网络中的重要作用，这幅当时描绘荷兰东印度公司船舶的日本画像突出了日本的这一地位。注意它强大的武装。葡萄牙和西班牙的香料贸易有来自新大陆的白银支持，但荷兰人没有类似物品可以提供。他们的解决办法是建立亚洲内部贸易。有各种各样的做法可以达到这一目的，但有一种方法大致是这样的：用来自日本的白银和铜（后来是黄金）在印度和中国交换丝绸、棉花、瓷器和纺织品，再用它们在亚洲换取香料，带回欧洲。这一贸易大获成功，英国人垂涎三尺，建立了他们自己的东印度公司，同样以武装强大的船舶为特征。英荷东印度公司之间常常出现紧张的局面，并且，1652 年开始的英荷战争一个最值得注意的方面是，它居然挨到现在才开打。

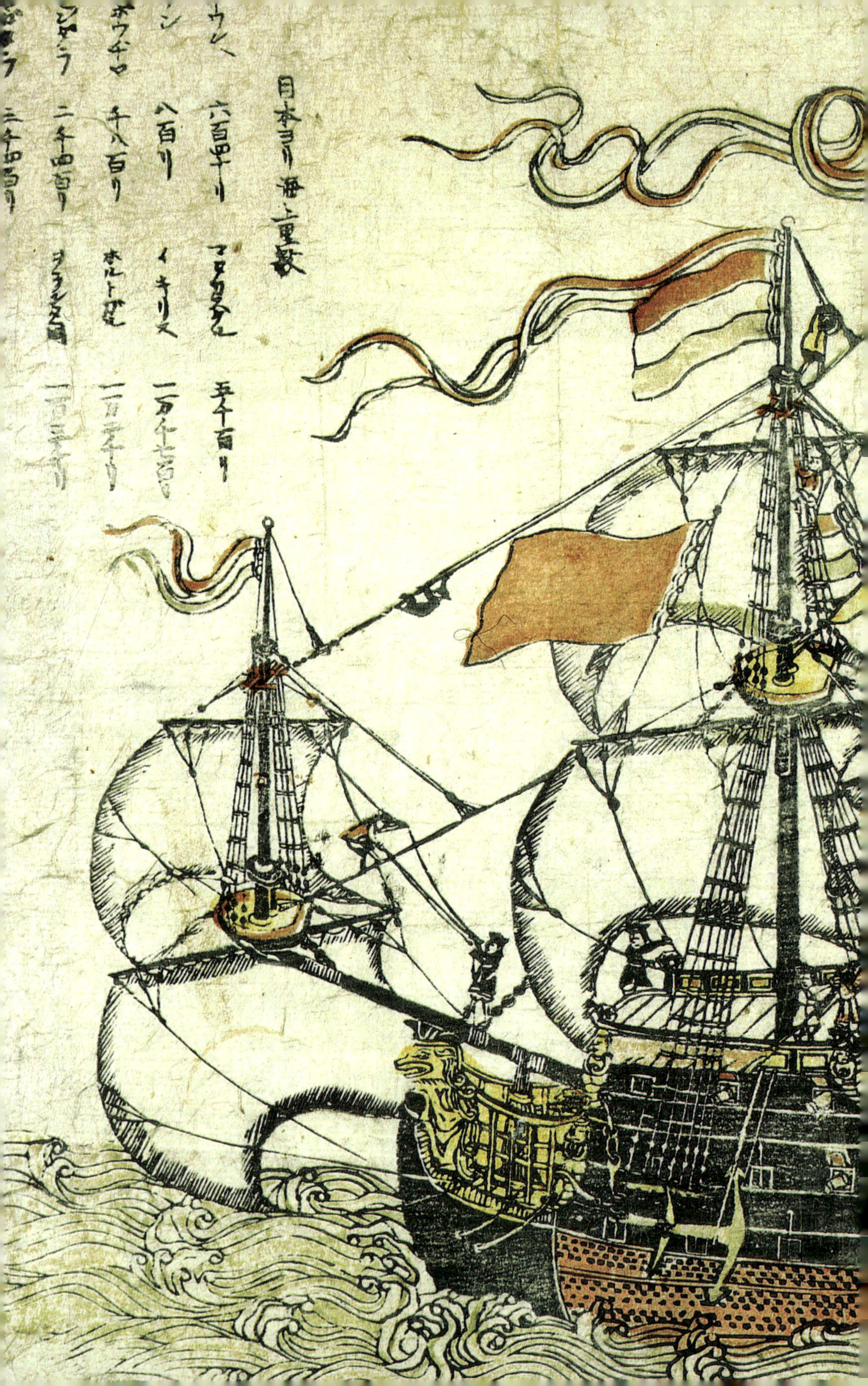

日本ヨリ海上里数
六百四十リ
八百リ
イキリス
千八百リ
二千四百リ
ヲランダ国
三千四百リ

阿蘭陀船図
長十四丈余幅三丈八尺高三丈五尺
数十八石火矢二十六挺
出し三丈余
数百余人
CHLLAAK

查理王子从西班牙回国（1623 年 10 月 5 日）

The Return of Prince Charles from Spain

绘画：亨德里克·科内利斯·弗罗姆（1623 年）

荷兰海上力量崛起的一个直接后果就是欧洲战略重心的转移。西班牙人从不觉得对荷兰发动战争是件容易事：军队很难从陆路横跨整个欧洲大陆，而若是从海上运兵则需要通过整个英吉利海峡和凶险的北海浅滩。如果团结了英国人，打败荷兰将易如反掌。17 世纪 20 年代的这个问题与 1588 年如出一辙，但解决的办法却不同。1588 年，英国人有效支持了荷兰人的反叛，腓力二世决定，为达到征服荷兰的目的，需要先入侵英格兰，将它从考虑要素中剔除出去。现在，腓力四世寻求重启对荷兰的战争，这一次是把英格兰作为一个盟友。在许多人看来，这是个荒谬的想法。新教的荷兰是英格兰对抗天主教西班牙的“天然”盟友，即使是考虑与西班牙结盟也是不可接受的。然而，詹姆斯一世（六世）并不执著于这一狭隘偏见，而且他还需要钱。他计划让儿子查理（后来的查理一世）与不久前去世的西班牙腓力三世最小的女儿玛丽亚·安娜（Maria Anna）结婚。查理王子甚至亲临马德里向她求婚，但这次求婚之旅以完全失败告终，因为双方都不愿改变自己的信仰。

这幅画显示查理正从西班牙返回朴次茅斯。英西关系破裂，双方宣布的战争持续了 6 年。这对英格兰是一场十足的灾难。英国战舰人员不足，指挥不力，供应的是腐肉。依这幅画显示的，虽然詹姆斯一世毁了他的海军战斗力，这些船的样子倒是很堂皇，船首撞角和船尾都雕刻着别致、奢华的图案。请特别留意画中第一艘船（见右侧）船首撞角上的马上骑士船首饰像。这艘船是“太子”号（*Prince Royal*），1610 年建造，是詹姆斯一世海军最负盛名的一条船。这艘战舰建造和装配武器的总费用是 2 万英镑，但仅装饰一项就花了 1300 英镑。该画描绘的这些船的形象稍有不足，这些船的顶桅风帆已经放下，这是因为他们回来的季节较晚（查理于 10 月回国），如果是在盛夏，它们看上去将更加优美。

人物档案

詹姆斯一世（六世）
（James I，1566—1625）

英国国王，1603—1625 年在位，同时也是苏格兰国王。詹姆斯是苏格兰女王玛丽·斯图亚特唯一的儿子，出生仅 5 个月，其母被驱逐，流亡英格兰。1567 年，詹姆斯被立为国王，称“詹姆斯六世”。1603 年，英国女王伊丽莎白一世指定詹姆斯为其继承人后驾崩，于是詹姆斯兼任英国国王，称“詹姆斯一世”。在位期间，他虽然在维持国内稳定与国际关系上有所成就，但其海上力量逐渐削弱，不仅无力抗衡西班牙，更被新兴的荷兰超越。

舷外装填炮弹图

Loading Cannon Outboard Ship

绘图：小威廉·范德维尔德（约 1664 年）

对 17 世纪的海上战争，历史学家依然无法确定的一件事是炮的操作，尤其是炮弹的装填方式。有多种可行的方式。大炮要么是允许它们反冲到舷内，在那里装弹，要么是发射后被拉进来装弹，或者甚至如本图清楚演示的那样，由一位骑坐在炮管上的水手在“舷外”装弹。虽然这看起来危

险而不可能，但水手却是身手敏捷，并且还得说明一下，因为显而易见的原因，这项技术从来不会在交战时使用。因此，这幅图包含了重要的提示信息。虽然如“改革”号（*Constant Reformation*）之类的战舰确实有了 18 世纪战舰的雏形，在舷侧大量装备着大炮，在某些情况下，它们依然使用伊丽莎白时代的炮击战术：攻方冲向敌船，发射炮弹，改变航向，远离敌船，在安全位置装弹。可以确定，这种情况一直延续到了 17 世纪 50 年代。因此，这些船也许装备着舷侧大炮，但他们还没有开始舷对舷战斗。

◂上页图

“改革”号

The *Constant Reformation*

绘图：老威廉·范德维尔德

詹姆斯一世的海军因为基础设施不足、无法满足需求而衰落。虽然如此，詹姆斯也造了一些像模像样的战舰，其中一艘就是“改革”号，这里所展示的是它的经典草图，作者是著名荷兰海景画家老威廉·范德维尔德（Willem van de Velde, the Elder）。它装备着60门大炮，按图上显示，分布在两层全通炮台甲板上，还有一些零星分布在第三层短甲板上，也可能只是一层加强轻甲板。也许很漂亮，但这艘船却有这一时期大部分船的缺陷。如图所示，它并没有装载全部船员和供应物资，但是依然极低地浮在水面上。当它出海并且为远距离航行配备充足时，海水几乎拍打到下层炮门底部，就是图中船体颜色较深的位置。这样，除非风平浪静，它根本不可能发射最下层甲板的大炮。因此，虽然在这幅图中炮管林立，但在实际效果上，它只是一艘单甲板战舰。

水手的圆形签名请愿书（约 1627 年）

Sailors' Round Robin

詹姆斯一世（六世）死于 1625 年，其子查理却培养出异于其父的对海军的热情。然而，正如这份“圆形签名请愿书”所表明的，詹姆斯忽视海军的后果需要一个很长的时间来修复。圆形签名请愿书是水手采用的一个传统做法，用于向军官表达他们的不满，又不必指出谁是领头人：签名围成一个圈，没人承担首签责任。这份文件有 76 个签名，中央用韵文写道：

尊敬的船长，我们听从您的命令，
不管我们听到的有多么不中听……
如果不能按时拿到津贴，
我们还在这里等着听到我们将得到更多食物。
即使锚链锈蚀，船舶依然航行，
只要我们得到我们的食物，
在我们全部死去前，我们请求我们的食物。
上帝保佑国王长治久安……

水手的问题在于他们没拿到工资，船上食物也吃光了。这个形势背后的财政现实是，战争时期资金缺乏，舰队的哗变和逃兵问题极其严重。自亨利八世把皇家海军创立为一支常设战斗部队以来，斯图亚特王朝[1]的海军进入了最低谷。

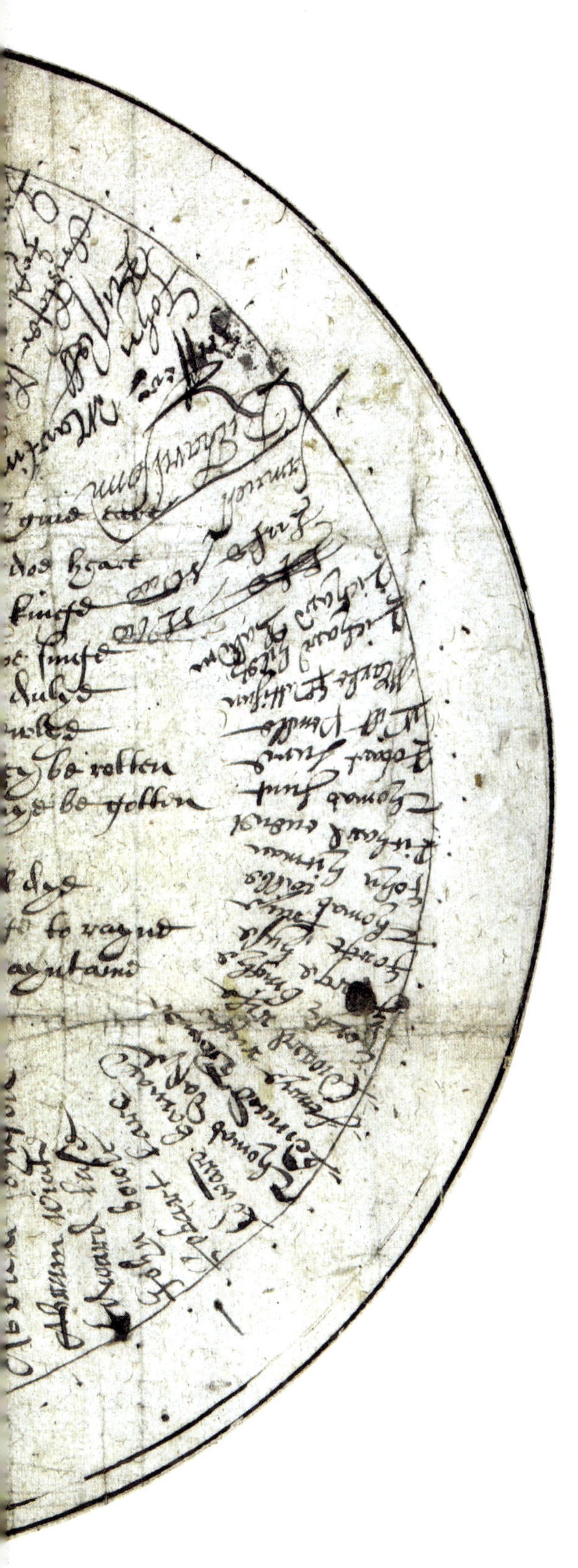

一件西班牙殖民地翡翠和黄金制成的十字胸饰

A Spanish Colonial Emerald and Gold Pectoral Cross

17 世纪 20 年代，皇家海军江河日下，荷兰海军则不断壮大。荷兰东印度公司只是这一时期荷兰海上基础结构的一部分。1621 年，西印度公司建立。和东印度公司一样，西印度公司拥有武装强大的优秀船舶和好战的指挥官，其中佼佼者当属皮特·希恩（Piet Hein）。到 1628 年时，希恩已经被西班牙人抓获 3 次，并且和他父亲一起被迫成为加莱战舰上的奴隶。作为第一个完全凭专业能力获任的荷兰海军中将，希恩是荷兰海军史上声名显赫的人物，因为 1628 年 9 月，他在古巴马坦萨斯（Matanzas）海湾俘获了护航中的一整支西班牙珍宝船队。西班牙人被荷兰人吓了一跳，然而按照每年护航珍宝船队的惯例，这些船满载白银、宝石、靛蓝、胭脂虫红（一种红色染料）、烟草和染料木（用于制造另一种红色染料），他们无法开炮。水手惊慌失措，把船驶得团团转，却没来得及烧毁它们。希恩的战利品估计价值 1150 万荷兰盾，这严重影响了当年西班牙发动战争的能力，与此同时却给荷兰在西大西洋从事更多军事行动提供了资金。两年后，荷兰入侵巴西，开始了一个将持续 15 年的殖民历程。

马坦萨斯护航船队是唯一被敌方俘获的西班牙珍宝船队，尽管还有众多的珍宝船在风暴和敌方的行动中损失掉。其中一些船当时就被打捞，但是大部分带着它们的财宝散落在大西洋海底。最令人惊异的发现之一就是 1622 年沉没在佛罗里达沿岸的“阿托查”号（*Atocha*）残骸。1985 年，一个来自加州的退休养鸡场主发现了它，据估计，给他带来了约 5000 万美元的收入。来自这些残骸的首饰时不时出现在拍卖市场，这里显示的胸针来自 1654 年沉没在巴哈马群岛沿海的“奇迹圣母”号（*Nuestra Señora de Las Maravillas*）残骸，它被认为是目前从西班牙沉船中发掘到的 17 世纪最好的珠宝之一。胸针正面镶嵌着 60 块搭配协调、菱形切割的方形哥伦比亚翡翠，背面刻着极其丰富的涡形装饰、四叶饰和十字装饰。在海底沉睡了 300 多年后才被人发现，它的状况却近乎完美。

彼得·佩特和“海上帝王”号

Peter Pett and the *Sovereign of the Seas*

绘画：彼得·莱利爵士（约 1645—1650 年）

为了保护英国利益，也为了把自己表现为一个致力于海上战略的强大君主，查理一世正在英格兰建设一支强大海军。1637 年 10 月 13 日，“海上帝王”号下水。采用这个名字是为了反映查理一世的形象，它的船尾显示在这幅 17 世纪最具标志性的画作之一中，与查理的主造船师彼得·佩特爵士放在一起。这幅画的构图似乎有点古怪，因为画佩特肖像的是一位艺术家——著名荷兰画家彼得·莱利，而画船的却是另一位不知名画家。这幅画，因为船和人在画中被赋予同样分量而显得尤其独特——它既有船的形象，也有其建造者的肖像。

这艘船最显著的特色是它浓重的装饰。到处金碧辉煌，虽然令人印象深刻，这幅画却没有画出它的全部精彩。“海上帝王”号是史上建造过的装饰最华丽的船舶。这些装饰沿着两舷不间断地一直延伸到撞角处。令人遗憾的是，没有这一时期的英国战舰存世，但是我们确知，设计建造这艘船船尾的那些人，还曾接受詹姆斯一世之妻丹麦的安妮（Anne of Denmark）的委托，参与了格林尼治皇后宫（Queen's House）的雕刻天花板工程。巧的是，皇后宫现在是英国国家海事博物馆的一处附属建筑，来欣赏格林尼治艺术收藏的参观者络绎

不绝，但他们中很少有人知道，我们现在看到的这些天花板的样式，是如此接近 17 世纪英国战舰的装饰。

“海上帝王”号一举成为有史以来建造过的武装最强大的战舰。查理特别指示它配备超过 100 门炮（比 90 门威武得多），全部由黄铜制成（比铁威武得多），配备在三层全通甲板上。虽然按传统配备的火炮是为了能四面开炮，尤其是船头和船尾方向，但它庞大的尺寸和不灵活的操纵很快预示出，它的战术将转变为以舷侧炮击为主。所有这一切都花费了大量金钱，这艘船和这幅画的深意即隐藏于此。查理解散了议会，因此，他没有足够的资金来源去支付新舰队的费用。他采取的措施是征收“造船费”（Ship Money），一个向包括沿海和内陆在内所有郡都征收的税种。对这一纯粹因为国王一时兴起而强加的新财政负担，国内怨声载道，英格兰的形势朝着内战发展。

人物档案

查理一世
（Charles I，1600—1649）

詹姆斯一世之子，英国国王，1625—1649 年在位。统治期间，宗教和宪法危机深化，导致 1642—1649 年的英国内战；内兹比战役后，查理意图通过与苏格兰人结盟重掌大权，但其军队于 1648 年溃败，其本人遭特别议会法庭审判，后被斩首。

斯海弗宁恩海战（1653 年 7 月 31 日）

The Battle of Scheveningen

绘画：老威廉·范德维尔德（1655 年）

1649 年，查理一世被处死，英格兰联邦宣布成立，但皇家海军的规模在新主人的统治下并没有受到影响。英格兰与荷兰之间就贸易权问题产生的紧张关系，也一点也没有受到英格兰内部问题的影响。1651 年，英格兰议会通过了《航海法案》[2]，双方都动员起来，一场海上争霸战即将到来。《航海法案》禁止一切外国船舶与英格兰或其殖民地进行贸易，这是自查理一世统治以来，英格兰极力鼓吹的海上主权的法律体现。这个立场注定要与荷兰的海上自由信仰相冲突，海上自由意味着允许所有荷兰商船与任何人贸易。然而实际上，他们的信仰却没有听上去那么博爱，他们希望在他们希望的任何地方贸易，并且按他们的条件，在没有竞争或很少竞争的情况下这样做。

从战略上而言，这是荷兰人相当艰难的一场战争，他们的贸易被迫通过危险丛生的整个英吉利海峡，要不就得通过向北绕过苏格兰的遥远航线。在荷兰贸易不断遭受英格兰船只蚕食的形势下，荷兰决定摧毁英格兰舰队，获得英吉利海峡制海权。一系列激烈冲突就此发生，但整个战争中，1653 年的斯海弗宁恩海战（Battle of Scheveningen），是意义最为重大的几次战役之一。是役成为不列颠的一次巨大成功，荷兰天才海军上将马尔滕·特龙普（Maarten Tromp）战死。这对饱受英格兰封锁压力而经济崩溃的荷兰是一记沉重打击。

这幅钢笔画的作者是老威廉·范德维尔德，那个世纪最伟大的荷兰艺术家之一。它尤为不寻常之处在于它出自目击者的描绘：范德维尔德就在现场，作为特别雇佣的艺术家记录荷兰海军战役。他甚至把自己绘到画中。他坐在画面左前方一艘单桅帆船上，戴一顶帽子，拿着画板。他左边那位很可能是他儿子，也叫威廉，正在跟父亲学画。小威廉后来成为比父亲更出名的艺术家。他们的大部分画作被保存在英国档案馆，因为范德维尔德父子后来移居英格兰并很快受雇，雇主先为查理二世，后来是他的弟弟——未来的国王约克公爵詹姆斯（James, Duke of York）。

背景链接

英格兰联邦
（English Commonwealth）

英文又称 Commonwealth of England 或 Commonwealth，是第一个统治全英国及无数殖民地的共和政府。1649 年 1 月 30 日，英国国王查理一世被砍头，5 月 19 日，残余国会宣称英格兰为共和国。克伦威尔入侵苏格兰后，自 1653 年开始统治苏格兰，之后统治权又扩大至爱尔兰。1660 年，查理二世复辟，改国号为英格兰王国，结束了这段共和国时期。请注意勿与现代的“英联邦”（Commonwealth of Nations，于一战后逐渐形成的一个组织）混淆。

查理二世到达海牙（1660 年 5 月 15 日）

The Arrival of Charles II at the Hague

绘画：布塔（1738 年）

1658 年，克伦威尔去世，英格兰联邦也随他一起埋葬。没人拥有足够的个人权威推行这个新的政治理想。经过长期政治谋划，查理二世应邀复辟。他原住在荷兰南部布雷达市（Breda），离他的妹妹——奥兰治亲王威廉二世（Prince William II of Orange）的遗孀玛丽（Mary, Princess Royal and Princess of Orange）的居所不远。随着国内形势变得对自己有利这一点已经明朗，查理航行到海牙，在那里，他便于接见前来移交政府的议会特使。查理到达海牙的情景显示在这幅事后多年绘制的油画上。他在画面右边接见一群大臣。马车和骑手排列在通往海牙的路上。前景是一群乱纷纷的男孩和狗，画面有一种节庆的气氛。一个男孩正在解挤奶女工背后的带子。

不久后，查理回到一艘雄伟的英国战舰上。这是另一艘三层甲板战舰，尺寸、设计与他父亲的“海上帝王”

人物档案

克伦威尔

（Oliver Cromwell，1599—1658）

英国将军、政治家，1653—1658 年任共和政体护国公。克伦威尔是英国内战时期获胜的议会军，即圆颅党的首领，1649 年，与该党其他领袖一起，做出处死查理一世的决定。他的统治以英国国教的清教改革而著名。

背景链接

王政复辟
（Restoration）

1658 年，克伦威尔去世，其子理查德·克伦威尔继称护国公。但理查德无力镇压反叛的贵族与军官，英国政坛混乱。次年，英国国会宣布君主制复辟，理查德流亡法兰西。1660 年，查理一世之子查理二世（Charles II，1630—1685）在多佛登陆，重回英国即位，史称“王政复辟”。查理二世于 1660—1685 年在位。宗教和政治冲突在其统治时期从未中断，但他在处理艰难的宪法危机中表现出相当的手腕，获得多数英国人的喜爱，被称作“欢乐王”、“快活王”。

号相似，同样由彼得·佩特建造。然而，送查理回国的这艘船却是奥利弗·克伦威尔下令为英格兰联邦建造的，它最初命名为“内斯比”号（*Naseby*），以纪念议会党人于 1645 年 6 月打败查理一世的军队 [3] 这一事件。为这次航程，它的名字被巧妙地改为“皇家查理”号（*Royal Charles*）。这艘船的存在意义重大。克伦威尔并不真正喜爱海军，但他继承了查理一世通过众多大型战舰展示形象的欲望，并且他逐渐认识到，一支强大的海军是保证自己统治的关键。查理一世在克伦威尔眼皮底下被处决两年后，英国海军的规模增加了一倍。

The Arrival of his Me
K Ch

2. ud.
May 15th
at the Hague
1660

米希尔·德·勒伊特

Michiel de Ruyter

绘画：费迪南德·博尔（1667年）

英荷战争中涌现出一大批天才荷兰指挥官，但所有这些人中，米希尔·德·勒伊特的战斗纪录无人企及。与哥伦布、德雷克和巴巴罗萨一样，德·勒伊特出身卑微。他在荷兰商船一步步爬上来，从实习生直到船长，再到海军指挥官。第一次被提拔为船长时，他取了德·勒伊特这个名字：他的家族姓阿德里安松（Adriaenszoon），但他的外祖父曾是一名骑兵，在荷兰语中叫ruiter。这个名字特别合适，因为荷兰语动词ruyten或ruiten的含义是“袭击”，并且，1667年6月，德·勒伊特指挥了海军历史上最胆大的一次袭击，这次袭击成为皇家海军经历过的最耻辱的一次失败。

荷兰战争期间，英国海军主要基地在查塔姆（Chatham），深入蜿蜒的梅德韦河（Medway River）。梅德韦河东流入海，可以直接进入北海，河内提供了大量战舰泊位。这就是1667年夏的形势。第二次荷兰战争中，查理资金有限，无法按需要的水平维持他的舰队。海军士气低落，战舰和人员条件很差，最大的一些战舰被封存，只靠一些护卫舰中队继续海上战争、袭击荷兰贸易。随着英格兰防卫能力下降，德·勒伊特先后袭击了泰晤士河与梅德韦河——英国海军力量的中心。他烧毁了希尔内斯要塞[4]，攻入查塔姆海军船厂（Chatham Dockyard），焚毁了7艘大型战舰及几艘稍小一些的船只。这还不是最坏的。曾将流亡的查理二世带回家的旗舰“皇家查理”号——克伦威尔建造的第一艘一级战列舰[5]，也被作为战利品拖走。虽然该舰后来在荷兰被拆解，但它的船尾依然占据着阿姆斯特丹国立博物馆最显要的位置。

梅德韦袭击是第二次荷兰战争的最后一次行动。但在很大程度上，这样一次入侵对个人的羞辱，效果不亚于1941年日本偷袭珍珠港，它推动英国国王查理二世与法国路易十四结成一个充满敌意的反荷兰联盟，导致了第三次，也是最后一次荷兰战争。

约克公爵詹姆斯

James, Duke of York

绘画：亨利·加斯卡（约 1672—1673）

一回到英格兰，查理二世马上起用经验丰富的军官指挥他的海军，哪怕这些人是克伦威尔提拔起来的。但是却有一个极不寻常的例外：查理任命他的兄弟，约克公爵詹姆斯，一个没有海上经历的人，作为英格兰海军大臣。詹姆斯的表现出人意料，任海军大臣期间，他领导英格兰舰队在 1665 年洛斯托夫特（Lowestoft）海战、1672 年索尔湾海战中都取得了胜利。有可能这幅画就是为庆祝索尔湾海战胜利而绘制的。背景中锚泊的是詹姆斯的旗舰，名副其实的“皇家亲王”号（*Royal Prince*）。詹姆斯是那个时代的代表，集士兵和海员于一身。虽然 18 世纪和 19 世纪初的海军军官亲自参加两栖作战，17 世纪初的海军军官还要参加大规模陆上战役和围攻。经历了英格兰联邦和王政复辟时期海军的优秀指挥官，乔治·蒙克中将（Lieutenant-General George Monck），就是一位没有任何海上资历，被提拔为海军指挥官的军事天才。

詹姆斯在这里被描绘成一位罗马武士，穿着金色缨饰铠甲，绿色七分裤，饰着珠宝的凉鞋，一件醒目的鲜红锦绣丝绸披风用一块宝石系在肩上，十足一个虚荣、奢靡的形象。他在陆地上度过的大部分时间，除了猎狐狸，就是在追逐女人。从这幅画很容易得出詹姆斯很富有的结论，但实际情况恰恰相反：他在奢侈的服装和生活方式上花费巨大，负债累累。然而一出海，他就把他的烦恼抛在身后。在参加的战役中，他战斗英勇、指挥果断。他对船舶引航与操纵的了解和他的战斗欲望一样闻名。

背景链接

索尔湾海战
（Battle of Solebay）

又称绍斯沃尔德海战（Battle of Southwold），是第三次荷兰战争的首场海战。荷兰舰队在德·勒伊特的指挥下，偷袭了泊于英国东南部沿海、邵斯沃尔德附近索尔湾的英法联合舰队。荷兰舰队事先在港外布置了封锁线，又利用涨潮放出纵火船，联合舰队陷入混乱。但英国舰队指挥官约克公爵凭借其出色的军事手腕，很快控制住了形势。双方各有损失，但荷兰先发制人的进攻粉碎了英国对荷兰本土入侵的计划。

圣詹姆斯日战斗（1666 年 7 月 25 日）

The St. James' Day Fight

雕版：文策斯劳斯 · 霍拉（约 1666 年）

这幅版画描述的是 1666 年 7 月圣詹姆斯日战斗，它极为有力地说明：两支舰队纵列战斗的海上作战形式已经出现。但对于此种说法我们又应谨慎待之。我们可以确定，这不是荷兰或英格兰首次采用纵列队形作战。而且，圣詹姆斯日战斗实际持续了两整天，作战范围包括了一块巨大的海域，各舰队先锋、中央和后卫分队分别卷入各自的独立战斗，在某些阶段，两支舰队只有部分舰只以纵列队形作战。然而，作战伊始，荷兰人以同样的航向有意识接近严阵以待的英格兰舰队，他们的意图很明确：作一次静态的舷对舷炮战。这一切要成为可能，在舷内装弹的做法此时一定已经被双方舰队所有船只采用。

还得考虑到，荷兰指挥官米希尔 · 德 · 勒伊特用这样的方式攻击英军，试图让他的舰队展开到英格兰舰队整个长度——他错误地认为他的舰队更强大。如果他知道英格兰舰队比他多 15 条船，而且它们全部比荷兰舰更大、炮火更强，他很可能会选择另一种战术。以适应不同战略形势需要和迎战不同实力的敌人为目的，可以有一系列战术选择，同向纵列攻击只是其中一种。

这次战役中，德 · 勒伊特曾得到政府官员的命令——战争期间，他们担心海军将官的重大损失——为保护他们，采用了这里描绘的“蛇形战线”，海军将官躲在离敌军较远的位置。这个自找麻烦的做法未能奏效，又有 4 位荷兰海军上将阵亡。

e Roy.ll Charles; And the Dutch Fleet commanded by Adm.ll de

the 25th July 1666. Together wth a List of the English Shipps & Captns wch they

约克公爵印刷的手册局部（1672—1673 年）

Detail from the Duke of York's Printed Instructions

这是一个革新的时代，不管是在战术还是指挥方法上。这是约克公爵印刷的舰队手册里的一幅跨页图片。开天辟地第一次，日间和夜间、锚泊和航行中舰队使用的信号及指南被合编印刷成一本册子。当然，之前有指挥官给舰队发布的手写指南，现在既然印刷出来，那就可以反复复制了。这反过来也让这类技术成为可能。这一页分成三个中队，蓝（Blew [Blue]）、红（Red）和白（White）。每中队又一分为三，由一位海军上将、中将和少将指挥。于是每位将军都有了一组战舰，每艘舰下方有空间可以填写船名。这样，一个指挥官或舰长可以有一份简单却详尽的舰队明细记录。

这也是约克公爵推动海军发展的一个经典例子。他不仅是一个战士，还对改进海上战斗的效率和效果极为关注，并且身体力行。对詹姆斯来说，仅仅敢战还不够，还得善战。他认识到，要做到这一点，需要投入时间、资源、资金和想象力，这本手册就是一个开始。册中许多内容很快发生变化，但手册中附有一份信号索引的基本结构使用了一个多世纪。

to fall into ye Order of Sayling hereunder prescribed, ye RED FLAGG shall bee put on ye *Missen=Peek*
ral & Rere Admiral of his own *Squadron*, as likewise ye Admirals, Vice-Admirals, & Rere-Admirals
out their own-coloured FLAGGS in ye same place, and to Sayl in Order, with their whole *Divisions*.

The RED *SQUADRON*.			The WHITE *SQUADRON*.		
e-Ad-miral	ADMI-RAL of ye FL-EET	Vice-Ad-miral	Rere-Ad-miral	ADMI-RAL	Vice-Ad-miral

泰瑟尔岛海战中的“金狮”号（1673年8月11—21日）

The *Gouden Leeuw* at the Battle of the Texel

绘画：小威廉·范德维尔德（1687年）

1673年8月，荷兰舰队在泰瑟尔岛海战（Battle of the Texel）中迎战一支英法联合舰队，这是第三次也是最后一次荷兰战争的最后一场大战。船小吃水浅的荷兰舰队躲避在斯库内维尔德（Schooneveld）沿岸，英法盟军入侵部队试图在那里登陆。即使荷兰的兵力弱得多，盟军舰队还是在沿岸游弋，希望诱使德·勒伊特出战。在即将到来的帆船时代，法国舰队通常寻求避免作战，与此形成鲜明对比的是，作为当时战争的典型特征，好战的荷兰人接受了挑战。随后发生的事情依然是荷兰战争中的典型海战。双方舰队各分成三个独立部分加入混战。这幅画展示了其中最激烈的一场战斗。中央的战舰是科内利斯·特龙普的旗舰，他是个难缠的角色，之前与英格兰海军上将爱德华·斯普拉格爵士（Sir Edward Spragge）交手数次。斯普拉格的旗舰显示在远处，画面右方。泰瑟尔岛海战中，两艘旗舰长时间近距离交战，两位海军上将都被迫将旗舰旗转移到其他战舰，斯普拉格转移了两次，在第二次转移时阵亡。这幅图表现的应该是战斗早期，因为特龙普的旗舰“金狮”号受损还不严重。并且，因为“金狮”号在画面占据的显著位置，这幅油画很可能是特龙普本人委托绘制的。

此时，此画的作者小威廉·范德维尔德已经成长为一个卓越的海景画家。他继承了父亲精确描绘战舰的能力，又给作品赋予了自己的独特风格，展现了空前绝后的捕捉帆船海战动态的技巧。描绘风帆的难度极高，他对阳光照耀下鼓足的“金狮”号船帆的刻画却是一件杰作。船上，后桅顶帆被收起，前顶帆和前桅中段以上的帆布被一发炮弹打脱，水手在甲板上努力固定大幅摆动的绳索。

小贴士

1　斯图亚特王朝（Stuart），初名为斯迪瓦特王朝（House of Stewart），是1371—1714年间统治苏格兰，以及1603—1714年间统治英格兰和爱尔兰的王朝。

2　《航海法案》（Navigation Act），又译作《航海条例》，其订立的目的在于保障英国本土的产业发展，并排除其他欧洲国家尤其是荷兰在贸易上的竞争，后来引发了英荷战争。

3　1645年6月14日，在内斯比战役（Battle of Naseby）中，克伦威尔率领的议会军击溃查理一世军队主力。

4　希尔内斯要塞（Sheerness），位于梅德韦河口，在荷兰人袭击之前，是保卫位于河口内的查塔姆海军船厂的要塞。

5　一级战列舰（First Rate），战列舰中最大的一类，有3层甲板，配备100门或更多大炮。

第七章
英法战争

（约 1688—1750 年）

The Anglo-French Wars

荷兰战争进行中，海战方式发生了巨大变化。现在，战舰通常以纵列队形作战，海上战役则发生在寻求制海权的国家之间。1688 年光荣革命中，天主教的詹姆斯二世逃亡，荷兰威廉三世亲王（Prince William III of the Netherlands）同时成为英格兰威廉三世及苏格兰威廉二世国王，英格兰和荷兰再次成为新教盟友，共同对抗强大的欧洲大陆和天主教势力——路易十四的波旁[1]法国。不幸的是，1688 年革命没有留下值得一提的图片资料，但我们却知道，护送威廉三世到其新王国的荷兰舰队，其规模比 1588 年腓力二世无敌舰队的两倍还大。

英格兰和荷兰将要面对的是一个强大的对手。路易十四和他的海军大臣柯尔贝尔改革了法国财政，为数百艘在新船厂建造的新战舰提供资金，水手则来自新注册的航海人口。1660 年，法国海军只有 26 艘真正意义的战舰，比瑞典还少 7 艘。到 1670 年，它有了 120 艘，又经过 5 年，它成为世界最大的海军。在战略方面，法国海军也经历了这一时期最重大的变革。像 17 世纪早期的荷兰海军一样，在路易十四发动的战争期间，北部湾水域的法国海军也被看成帝国扩张的工具。这一工具被设计成以巨大三层甲板战舰为核心，而这些战舰形成的战列将用重炮使敌人屈服。简言之，这支舰队的目标就是从英格兰手中争夺英吉利海峡及其西航道的控制权。与此同时，在地中海，路易十四的庞大加莱舰队则为在欧洲大陆作战的法国军队提供重要后勤支持。地中海舰队的角色没有重大变化，但在决定性的 1692 年巴夫勒尔—拉乌格海战（Battle of Barfleur–La Hogue）中，英格兰和荷兰人摧毁了路易十四最好的 15 艘战舰。这之后，法国采取了一项新战略，战略中心从入侵英格兰本土转到袭击英格兰贸易。

因此从 1692 年起，来自法国的入侵威胁解除，英国得以专注于更远的战场。从这时起一直到 1750 年，大部分海军行动在远离英国的水域进行，尤其是在加勒比海地区。这里是英国和法国财富的来源地，而且这里的贸易最容易受到袭击，因为没有良好海军设施的支持，在远离本国的水域维持海军力量存在依然困难重重。这一点让加勒比地区成为海盗大显身手的舞台，他们最终扩张到美洲东海岸。这是著名海盗如爱德华·蒂奇（黑胡子）（Edward Teach，即 Blackbeard）、威廉·基德（William Kidd）、巴塞洛缪·罗伯茨（Bartholomew Roberts）、亨利·摩根（Henry Morgan）和山姆·贝拉米（Sam Bellamy）的时代。

为应付对贸易的掠夺，英国皇家海军在加勒比地区的牙买加、安提瓜岛建设了船厂，这些船厂还为英格兰发动两栖战争提供了便利，以此打击法国和西班牙在新大陆的利益。皇家海军一开始的行动并不顺利，但到1763年“七年战争[2]”结束时，在遥远水域发动大型两栖战争成为英国的专利。使这一切成为可能的大量血淋淋的教训是在1750年前学到的。1739年，爱德华·弗农（Edward Vernon）以一小股部队闪电奇袭了波托韦洛（Porto Bello），但1741年，对卡塔赫纳[3]的大型两栖进攻遭到惨败，行动中，他的近一半军队死于疾病。乔治·安森（George Anson）同时被派到太平洋发动一次针对西班牙财富的两栖战争，但他那老弱病残的士兵在到达目的地前全部丧生，绝大部分死于坏血病。

至于舰队战争，这是一个充满矛盾的时代，著名的决定性战役和无关痛痒的战斗一样典型。这一时代前半部分，17世纪90年代，双方都取得过伟大胜利：1690年法国在比奇角（Beachy Head）；1692年英荷在巴夫勒尔海战（Battle of Barfleur）。随后形势开始发生明显变化，决定性胜利只属于追击行动：一方在战役中主动寻求与没有斗志的敌人交战。英国皇家海军赢得的所有战役中，最著名的是1718年在帕塞罗角（Cape Passaro）海战和1747年5月、10月的两次菲尼斯特雷海战（Battle of Finisterre）。两支决心一战的大型舰队间的交战再也无法带来决定性结果，最著名的是1744年的土伦海战（Battle of Toulon），那场战役中，两位英国海军上将间发生激烈争论，最后只有一半舰队参加了战斗。

既有巨大努力，也有惊人失败，还有应对由来已久和现实中的障碍的天生能力，这一时期也许比战舰史上其他任何时期都令人着迷。现在，我们可以回过头来说：这是一个船舶设计糟糕、战略概念幼稚的时代，一个管理和后勤基础设施不足的时代。但柯尔贝尔在10年略多一点时间内，凭空变出一支比地球上其他任何国家都强大的海军；安森在看似绝无可能的情况下，在太平洋俘获了一艘西班牙盖伦珍宝船；安森和霍克的两次菲尼斯特雷海战说明，进攻性策略和忠诚的船员能创造什么样的奇迹。他们是理查德·豪（Admiral Richard Howe）、乔治·罗德尼（Admiral George Rodney）、塞缪尔·胡德（Admiral Samuel Hood）和纳尔逊的先驱；这个时代为英国主宰世界海洋打下了基础，从18世纪50年代起，英国对大洋的控制将维持1个多世纪。

塞涅勒侯爵和维沃讷公爵参观马赛军工厂的皇家加莱战舰（1669 年）

The Marquis de Seignelay and the Duke of Vivonne Visiting the Royal Galley at the Arsenal, Marseilles

该画被认为出自让–巴蒂斯特·德拉罗斯之手（1679 年）

自 1650 年左右起，各国地中海海军的加莱战舰总数开始下降，但法国在总数中占的比重在其后 20 年内不断上升，到 1690 年，法国在地中海拥有的加莱数量超过了除威尼斯以外的所有海军。加莱舰队只是主力帆船舰队的补充，但在风平浪静的水域，对桨战舰操纵性能的战略需求依然强劲。它们通常更多用于运送军队往来意大利，或用来发动打击巴巴里海盗的长期战争，后者也喜欢用桨船。然而，建造加莱战舰最主要的目的，是为了展示路易十四无敌国王的形象，因为一艘加莱战舰上划桨的奴隶可以多达 450 人，全部锁在凳子上。"作为一个王族位高权重的标志，没有什么比展示他的加莱战舰更有力的了。"他的海军大臣柯尔贝尔写道。然而，值得注意的是，这幅画上的加莱战舰正在马赛而不是土伦（Toulon）建造。土伦无疑是法国南部沿海最好的港口，一直以来就是法国首选的主要海军基地，但现在它完全被风帆战舰占据：加莱舰队已经让位，转移到马赛去了。

这幅画显示了路易十四奢华的个人加莱战舰，在他统治期间，每隔 10 年就要建造一艘这样的新战舰。画中，巨大的镀金上层建筑被抬起来，安放到已经十分精致的船尾上方。画面下方，一队造船工正在准备另一块可能用于船首的雕饰。画面中央锦衣华服者也非同凡响。他们是塞涅勒侯爵（Marquis de Seignelay）和维沃讷公爵（Duke of Vivonne）。塞涅勒继承父亲柯尔贝尔成为路易十四的海军大臣。虽然自年轻时起就学习航海，但塞涅勒一点也没有继承到父亲的智慧，而且他对海军事务的了解也很不现实。也许为了掩饰自己的无知，他宁愿用海军去展示皇室威望，也不愿把心思花在千头万绪的海军管理上。

塞涅勒身边的维沃讷公爵是深得路易十四信赖的大臣之一，虽然被任命为加莱舰队总司令，但他对海军事务也是一知半解，宁愿享受放荡的巴黎城市生活。因此，这幅画不仅描述了路易十四的奢侈，还显示出他在柯尔贝尔死后管理海军上的外行和笨拙。

人物档案

让-巴蒂斯特·柯尔贝尔
（Jean-Baptiste Colbert，1619—1683）

法国政治家，路易十四时期的著名大臣，负责财政改革和海军重整。他任职期间，加固了海港防御工事，法国舰队的战力也得到加强，为法国成为世界第一的海军强权奠定了坚实的基础。

《苦役犯监狱日志》局部

Detail from *The Journal Historique Du Bagne*

绘画：雷诺（1825—1826年）

路易十四的一艘标准加莱战舰需要260名桨手，而他的一艘皇家加莱战舰或旗舰则有多达450名桨手。他们中有奴隶、罪犯，还有志愿者。奴隶买自马耳他、阿利坎特、马略卡岛（Majorca）和卡利亚里的奴隶市场，这些奴隶市场一直繁荣到18世纪末。加莱舰队以马赛为基地，意味着这座城市已成为流放之地，多达五分之一的城市人口会是罪犯或奴隶。值得注意的是，法语对“罪犯”一词的解释是相当宽泛的，它包括流浪汉、亵渎者、陆海军逃兵，当然，还有这个最虔诚的天主教国度里的新教徒。

17世纪加莱战舰的划桨方式是“一桨多人”（a scaloccio），数人共划一支桨，一个与早期加莱船完全不同的方式；在早期“一桨一人”（alla zenzile）方式下，3人坐在1张长凳上，但每人各有1支桨。采用新方式的原因，是因为1个世纪前给加莱船配备志愿海员的做法越来越难以施行。简言之，“一桨一人”的方式要求每个桨手既强壮又熟练，能按节奏有力地划桨。然而，按“一桨多人”方式，数人共划1支桨时，就可以由能力不一的人推动船舶：对强弱不等、熟练程度各异的奴隶和罪犯划动的加莱船来说，这是一个完美的模式。

加莱船上的奴隶一眼就能被看出来，因为他们都穿着画上这种制服。他们的脚被铐着，头发被剃掉。与他们一起划桨的志愿者待遇完全一样，甚至他们的脚也被铐着。

Planche N°. 1.

1.

Forçats à vie

accouplés pour aller aux travaux,

avec chaîne de 18 maillons, cheveux coupés en escalier, rasés 4 travers de doigt au dessus de la tempe gauche, avec un favori à la joue droite.

Bonnet vert avec couvre vue et plaque triangulaire.

Casaque ½ rouge, ½ brune.

“皇家太阳”号的艉楼和船首

The Aftercastle and Bow of *Le Soleil Royal*

绘画：老让·贝兰

路易十四建造了大量的3层甲板的风帆战舰，作为他新舰队的主力。这些舰大部分具有标准尺寸，携带约80至90门大炮，炮台甲板长度在160英尺左右。但路易十四还是渴望建造出与众不同的3层甲板战舰。庞大和辉煌正是他需要的。不管大小，大部分国家的任何一艘3层甲板战舰都是不同凡响、令人瞩目的，但路易十四要把它们都比下去。他建造了4艘这样的战舰，其中一些比其他3层甲板舰长近25英尺，所有4艘都配备超过100门炮，有的甚至达到120门。4艘中的第一艘是“皇家路易”号（*Royal Louis*），第二艘“皇家太阳”号，第三艘“恐怖”号（*Terrible*），第四艘“震惊”号（*Foudroyant*）。注意这些名字：作为其海军计划的一部分，路易十四重新命名了他所有的战舰，用以反映他本人或者他眼中的波旁王朝风格。

这两幅水彩画分别描绘了“皇家太阳”号的船尾和船头部分。按当时建造最大、最笨重和最昂贵帆船的通行做法，“皇家太阳”号的大部分时间都在港内——实际上，在建造出来后的前 4 年内，它都没有离开过其建造港布雷斯特（Brest）。最终，当它参加战争时，在“九年战争”中的最后两次战役中发挥了突出作用：比奇角海战和巴夫勒尔—拉乌格海战。后一战役是路易十四海军遭受的最惨重的一次失败，“皇家太阳”号在战役中被摧毁。

背景链接

九年战争
（Nine Years War）

又称作“大同盟战争”（War of the Grand Alliance），是路易十四在位时的第三场重要战争（前两场分别为遗产战争和法荷战争），发生于 1688—1697 年。战争起因是路易十四欲在欧洲进行大规模扩张，遭到英格兰、荷兰、神圣罗马帝国哈布斯堡王朝和西班牙等组成大同盟联合对抗。战争以双方停战言和告终，法国暂时放弃了对外扩张的战略，仍然是欧洲大陆最强的霸权，但双方积怨并未化解，最终导致了 4 年后的西班牙王位继承战争。

LE SOLEIL ROYAL
LE SOLEIL ROYAL

LE SOLEIL ROYAL

拉乌格海战（1692 年 5 月 23 日）

The Battle of La Hogue

绘画：老乔治 · 钱伯斯（1836 年）

路易十四外交政策的中心，是帮助流放中的天主教的英格兰詹姆斯二世复辟王位。1692 年，他在法国北部准备了一支入侵部队。1688 年的光荣革命记忆犹新，路易十四据此认为：英格兰很容易受到来自海上的入侵。路易十四计划的关键是，他将集结罗什福尔（Rochefort）、土伦和布雷斯特的中队，从而得到一支可以媲美甚至可能超越英荷联合力量的舰队，这两个新教国家现在已经在这场对抗天主教法国扩张的战争中结成联盟。他还坚信：英国舰长中有很大一部分被称为詹姆斯党人的支持者，他们的背叛将削弱英格兰舰队的战斗力。即便如此，路易十四并不想真正进攻，他计划于 4 月发动入侵，据信此时英格兰和荷兰军队还未来得及联合并出海作战。法国海军上将图维尔（Tourville）接到国王亲自给他的明确命令：如果有异常及无法预见的情况

背景链接

光荣革命

（Glorious Revolution）

1688—1689 年间发生的一场政变，导致支持天主教的詹姆斯二世被废黜，由他的女儿玛丽二世和女婿奥兰治的威廉（即威廉三世）联合执政。他们接受了《权利法案》规定的条件，所以这场不流血的“革命”极大地加强了议会的宪法权利。詹姆斯二世被流放法国，得到了路易十四的支持后，英国反法情绪高涨，从而开启了英法第二次“百年战争”。

发生，法军将被迫与一支更强大的舰队作战时，依然要发起战斗，尽量消灭英荷盟军，让他们没有能力阻止法国入侵部队的登陆船。

到了预定入侵日期，形势变得不尽如人意，入侵推迟了整整1个月。土伦中队未能到达布雷斯特，已经到达的20艘战舰也没有配备足够的航行人员。虽然如此，图维尔于5月中旬带领着一支只有44艘战舰的部队出发了。与此同时，荷兰和英格兰舰队已经出海，并且联合成一支拥有98艘战舰的强大力量。双方遭遇后，图维尔在旗舰“皇家太阳”号上领导舰队，依原来的命令发动攻击。数量明显不及的法国舰队没有被打败，他们英勇战斗了近12小时，没有损失任何舰船。然而当夜幕降临时，许多法国战舰伤痕累累，无法继续战斗，只得驶往法国沿海躲避。包括“皇家太阳”号（画面中央）在内的3艘战舰到达瑟堡（Cherbourg），另12艘到达拉乌格湾。第二天，英荷联军的火船把它们全部烧毁。即使到那时，法国人依然在顽强抵抗，这幅事后1个多世纪绘制的作品描绘了其后发生在小艇上的肉搏战。“皇家太阳”号上的法国水兵即使在船燃烧时，也没有停止大炮射击。

英军指挥官爱德华·罗素（Edward Russell）在画面左方挥舞着一把剑，实际上他没有参与舰队战役后的小艇战斗。画面右下方，一个法国军官已明显弄丢了假发，正放弃一艘饰有象征法国王室的百合花的小艇，正拼命杀出一条生路。

背景链接

詹姆斯党人
（Jacobite）

英王詹姆斯二世的拥护者，1688年大革命后支持废黜的詹姆斯二世和他的子孙继承英国王位主张的人；受苏格兰高地信仰天主教的宗族支持，他们于1689—1690年，1715年，1719年，1745—1746年多次试图重新夺得王位，最终在卡洛登战役中被击败。

图卢兹伯爵

The Comte de Toulouse

该画被认为出自亚森特·里戈（1659—1743）之手

对路易十四的战舰有些了解后，有必要看看他选择的指挥官，因为这些揭示了路易十四的统治方法，也让我们了解那个年代法国海军基础和战斗部队本身的效率。这就是本幅画的意义所在。画中的图卢兹伯爵，即波旁的路易·亚历山大（Louis Alexandre de Bourbon），穿着一套法国海军上将制服。它的意义在于画上人物明显的年轻——这不是一个军官，而是一个穿着大人衣服的孩子。1683 年，5 岁的皇室私生子路易获得路易十四的承认，并被任命为法国海军上将。同时为他制定了一系列需要学习的航海课程清单，塞缪尔·佩皮斯弄到一份，现保存在剑桥莫德林学院。年轻的路易到 26 岁时还没有任何海上经历。虽然人们以为他的职位只是作为一个封禄，路易却决定指挥法国舰队。

1704 年马拉加海战（Battle of Malaga）中，路易第一次指挥舰队作战。这是一次重要战役。仅仅一个月前，英格兰从西班牙手中夺取了直布罗陀海峡。这是他们垂涎已久的一处基地，从那里，他们的海军力量可以深入地中海。西班牙人自己却没有认识到这一点，他们的要塞维护不善，守备不足。法国人也在很大程度上没有意识到直布罗陀被英格兰占领的战略意义。路易在马拉加发动进攻，但是他年轻，过于依赖顾问，没有在机会来临时坚持进攻。直布罗陀依然控制在英格兰人手中，并且历史将证明，直至今日，它依然是全球力量博弈的战略要地。

这幅画的作者很可能是亚森特·里戈，他是路易十四长期统治期间最重要的肖像画家。他描绘的细节被认为极其精确，他的油画被学者广为接受，认为是当时服装款式的忠实记录。

“博伊奈”号框架模型的船首图和侧视图（1692 年）

Bow and Side View of a Skeleton Model of the *Boyne*

这是英国皇家海军“博伊奈”号（HMS *Boyne*）的一个重要模型。该舰参加了 1704 年的马拉加海战。它建于威廉和玛丽统治时期（他们的名字首字母交织在船尾瞭望台上），为纪念 1690 年博伊奈战役（Battle of the Boyne）而得名；威廉在这场战役中打败了流亡的詹姆斯二世，并因此保全了自己的英格兰王位。威廉和玛丽承担起建立一支海军的重任，使之至少可以与路易十四的海军竞争。然而，他们造船所投入的精力却放错了地方。大量战舰被建造出来，但大多数质量低劣。这是他们从海军部门清除经验丰富的人员的恶果，这些人被认为忠于旧政权，其中就有塞缪尔·佩皮斯。

这些战舰的问题不在于建造，而在于一个更为根本的设计问题。威廉和玛丽建造的一些战舰有 80 门大炮，这是其中一艘，在德特福德（Deptford）建造，1692 年下水。这些船的基本问题是船太小，配备的武器又太多。注意这些炮如何密集地挤在后甲板上——要达到议会给设计

人物档案

玛丽，即玛丽二世
（Mary II，1662—1694）

詹姆斯二世的女儿，英格兰、苏格兰及爱尔兰女王，1689—1694 年在位。詹姆斯二世因在国内坚持恢复天主教，于 1689 年被废，身为新教徒的玛丽靠着光荣革命登上王位，与其丈夫威廉，即奥兰治亲王，一起接受加冕，夫妻共治，直至 1694 年玛丽去世。

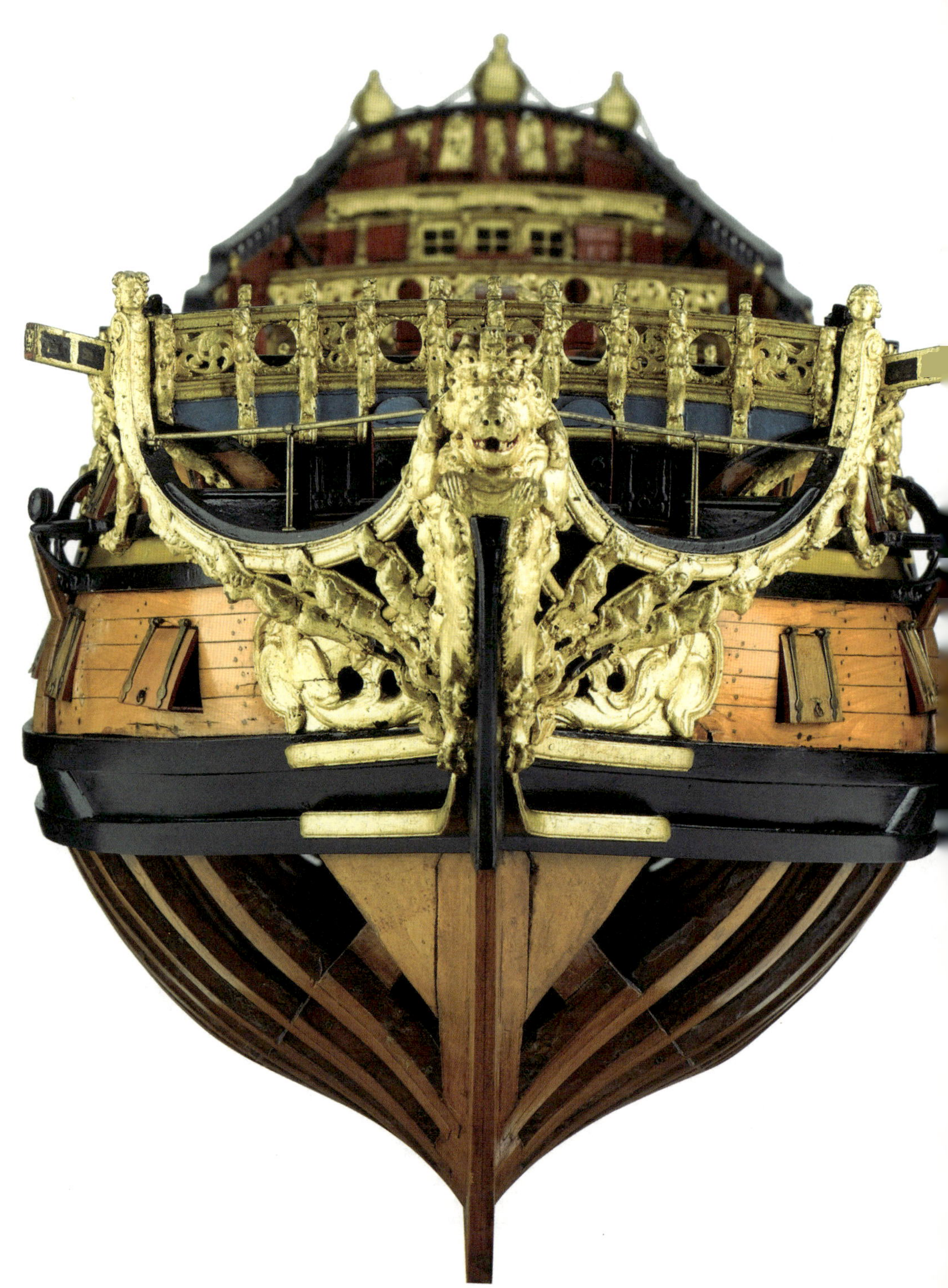

人物档案

塞缪尔·佩皮斯
（Samuel Pepys，1633—1703）

英国作家、政治家和海军行政长官，因著有记载了诸如伦敦大瘟疫、大火灾等重要事件的《佩皮斯日记》（1660—1669）而出名。

师规定的大炮数量，只能这样做。这种做法让它头重脚轻，加重了在各种海况下侧倾和横摇的倾向，而且向船尾方向对船体施加了过多的形变力，导致船舶漏水。一个明显的解决方案是改造这些船，把艉楼和艏楼连接起来，这样做实际上造出了第三层甲板。即使经过这些改进，其设计依然有缺陷，这一时期的皇家海军3层甲板80炮战舰是整个帆船时代级别最差的风帆战舰。

这个模型意义非凡，因为它是一只“海军委员会”（Navy Board）模型，意思是，它造出来是为了向海军委员会展示一种提议中的新船型。海军委员会模型的独特性在于它部分覆盖着木料，所以又叫“框架”模型，这样可以显示船舶的结构。“博伊奈”号模型保存在格林尼治英国国家海事博物馆，船身雕刻被公认为是所有早期海军委员会模型中最优秀的。然而到1700年，这样的质量已经成为标准，这就是海军委员会模型拥有史上最好船模的名声的原因。

乔治一世和他的舰队

George I and His Fleet

摘自威廉·萨瑟兰著《造船业内幕》（1717 年）

1715 年 9 月，路易十四去世，把一个经济崩溃的法国留给了 5 岁的孙子——他唯一在世的男性继承人。同一时期，英格兰安妮女王已于 1 年前离世，王位传给了血缘最近的在世新教亲属——远房表兄德国不伦瑞克-吕讷堡选帝侯，后者登基成为乔治一世。经历了王位继承的混乱、近四分之一世纪的连续战争以及经济瘫痪，法国目前由一个委员会以年轻的路易十五的名义进行统治。因此，1714 到 1739 年间，欧洲经历了 18 世纪持续最长的相对和平时期。这幅乔治一世的半身像被层层战舰环绕，最引人注目之处就是其海军的规模：英国皇家海军数量在这个和平时期并没有减少，而是自始至终维持在同样

人物档案

乔治一世

（George I，1660—1727）

大不列颠及爱尔兰国王，1714—1727 年在位。乔治出生于德国汉诺威，母亲索菲亚是英国国王詹姆斯一世的外孙女。1698 年，其父去世后，成为汉诺威王朝的选帝侯。1714 年，根据 1701 年颁布的《王位继承法》继承英国王位。他的母语是德语，无法流利使用英文，在英国不受欢迎。他本人不出席内阁会议，由国王指定的亲信大臣主持，由此成为了英国首相制度的开端。

的水平上。而且，在与法国的战争结束时，英国针对路易十四提出的庞大造船计划的对策也获得成功。到1715年，皇家海军有119艘战舰，相当于17世纪90年代巅峰时期的法国海军。现在，法国海军已经衰落，英国皇家海军成为世界上最强大的海军力量，超过了法国、西班牙和荷兰的总和。

人物档案

安妮女王
（Queen Anne，1665—1714）

英格兰和苏格兰（1707年后统称大不列颠）及爱尔兰女王，1702—1714年在位，斯图亚特王朝最后一代君主。安妮是天主教的詹姆斯二世之女，但本人信奉新教，继承姐夫威廉三世的王位。为解决继承危机、避免天主教徒的复辟，英格兰国会制定了《1701年王位继承法》，按照规定，安妮去世后，因没有子女，王位传给了德国汉诺威王朝的选帝侯。

背景链接

选帝侯
（Elector）

德国历史名词，是指有权选举“罗马人民的国王”的候选人，经罗马教宗加冕后，可以使用“神圣罗马帝国皇帝”头衔。这一制度严重削弱了皇权，令德意志的政治分裂严重。1806年，神圣罗马帝国被拿破仑勒令解散，选侯权失去了意义。

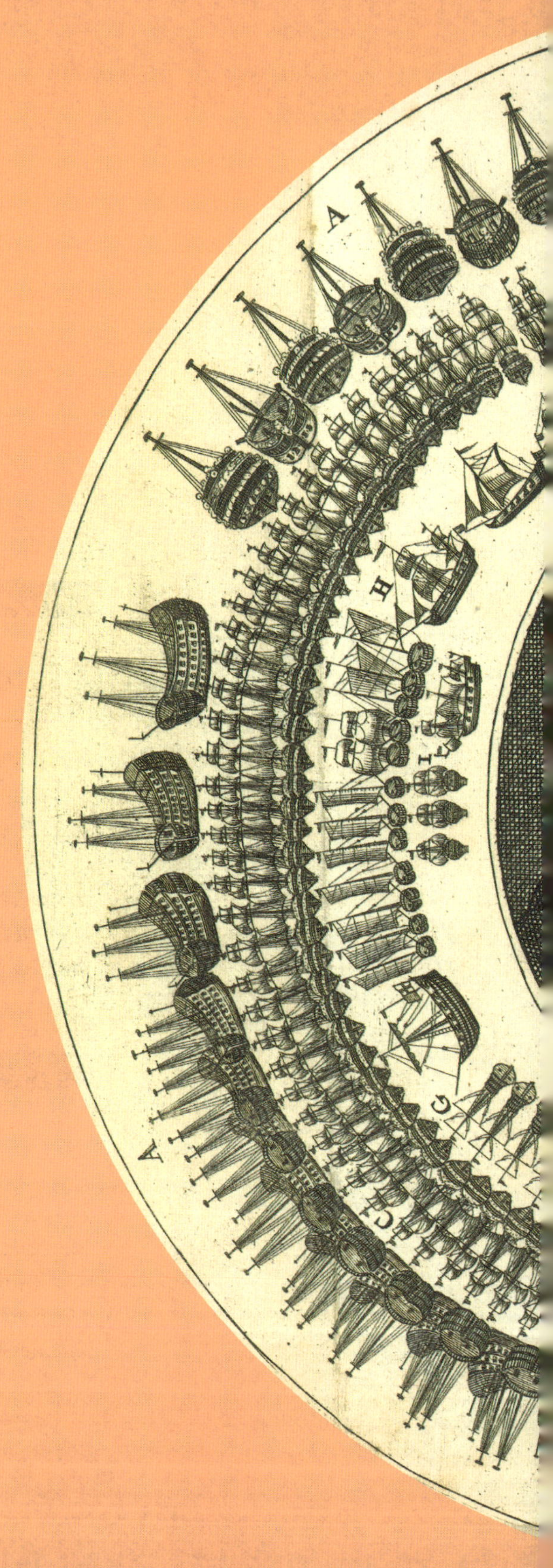
A
H
I
G
C
A

海盗“黑胡子”

Blackbeard the Pirate

19 世纪英国画派版画

1713 年西班牙王位继承战争结束，和平时期随之而来，但其主要后果之一就是海盗开始猖獗。在巴夫勒尔—拉乌格海战中被大败后，法国海军战略发生剧变，转为以打击不列颠贸易为重点。不列颠以牙还牙，双方都批准了私掠行动——国家有效赞助的对敌方贸易的海盗行径。一个最有利可图的战场就是加勒比海地区。那个时代的引航问题（此时航海者还没有能力计算经度）意味着所有航行都得事先预定好，尤其是横跨大西洋的航行，因为经过数周海上航行，才能抵达为数不多的可登陆安全地点。因此，一般来说，满载珍宝的船队大致何时到达何地、或离开加勒比海地区这样的信息，并不是秘密。而且，这一地区遍布小岛和封闭海湾，是一个可供隐蔽的完美地形。也许可以预料到，战争结束时，许多没有更好前途的水手便会留下来成为海盗。其中最著名的一个就是“黑胡子”爱德华·蒂奇。

和很多海盗一样，蒂奇尽量把自己装扮得十分吓人，因为海盗袭击的效果取决于他的名声：他们的计划是迫使猎物不战而降。蒂奇最喜欢的做法是：把长长的头发和胡子编成辫子，再塞进小烟花，产生一种烧焦的恶臭。

船用钟

Ship's Bell

可能来自黑胡子的旗舰"安妮女王复仇"号

有了这样一个不同寻常的名声，无怪乎研究黑胡子的历史学家需要费尽心思从传说中寻找真相。然而，1996年，我们对蒂奇的了解有了巨大飞跃，一队考古学家宣布，他们在北卡罗来纳州博福特湾（Beaufort Inlet）附近发现了蒂奇旗舰"安妮女王复仇"号（*Queen Anne's Revenge*）的遗迹。虽然潜水员从沉船残骸中找到2000多件物品，但没有确切证据可以证明残骸与黑胡子有关联。不过对于一个亡命之徒，这也算不上意外。从已知文件资料中可以了解到一些与他的船有关的信息，而残骸的尺寸、沉船的年代和位置都与之相符。能确认年代的证据非常有趣，是一只从残骸中找到的船用钟。它上面有天主教的铭刻"救世主耶稣，玛丽亚1705"（IHS Maria 1705）。这样的铭文出现在一个为安妮女王战斗过的新教海员的船上是奇怪的，但考虑到它来自一艘海盗船，就算不上是一个意外发现了，并且我们都知道，它的指挥官在开始指挥"安妮女王复仇"号之后不久曾捕获过一艘西班牙船。

英国皇家海军“雨燕”号设计图（1721 年）

Ship Plan of HMS *Swift*

所有和平时期的一个重要问题是走私活动猖獗。战争的财政压力消除后，经济一般会有所增长；海军也将会削减到一个更容易管理的规模，大部分船只被封存，只留下少数骨干船员维护船舶，数以千计的熟练海员则会失去工作。理所当然地，大量水手会转向走私。

这张船舶图纸中显示的是轻型舰[4]“雨燕”号，1721 年在伍利奇船厂（Woolwich Dockyard）建造。这样的图纸特别罕见，因为它使用了彩色颜料，还显示出详细的装饰细节，尤其是像提琴形状的船首。这一时期的大部分造船图纸都只显示建造信息。

“雨燕”号是 1721 年建造的专用于阻止走私的 8 艘轻型舰之一。它略小于 100 吨级，只有 60 英尺长，双桅，斯诺帆船[5]，可以匹敌任何一艘走私船。船体设计可安装 4 对火炮，但实际上，它一共只配备 4 门或 6 门炮。不受风和潮汐影响的操纵性是这些执法船的基本要求，因此“雨燕”号在炮门木料之间设置了桨架，可以用桨推动船行驶。

这艘船又轻又快，它是 18 世纪早期海军和走私者之间造船竞争的明证。成功的走私船和成功的海军轻型舰一样有名，海军感兴趣的，不仅是抓获走私犯，还要从当地水域清除用于走私目的的船只。因此，如果一个走私者被抓获，他走私的货物将被公开拍卖，走私船也被拆零拍卖。这既是国家反走私战争胜利的象征性展示，也是防止走私犯的同伙轻易买回走私船的一个有效方法。

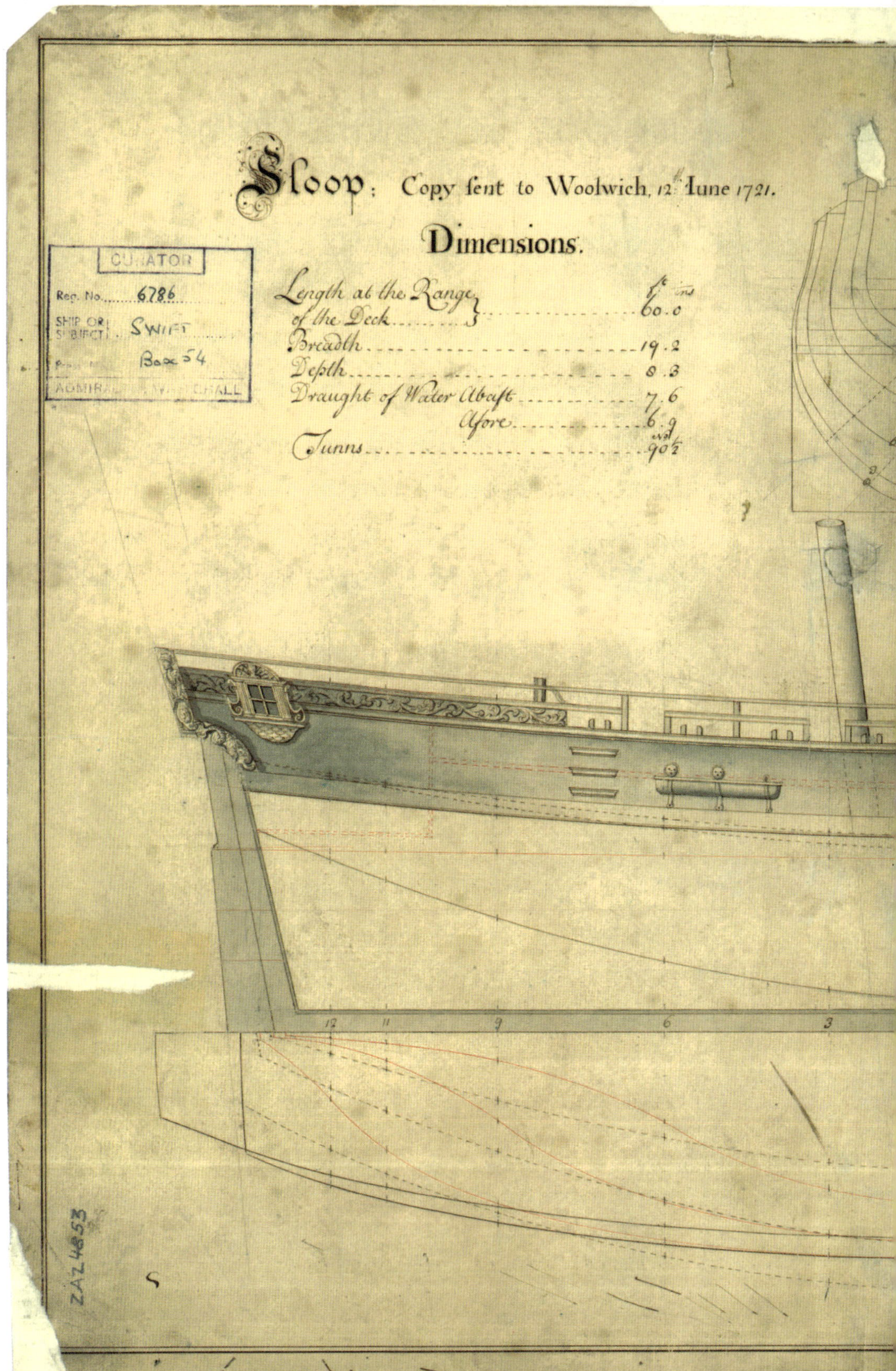
Sloop: Copy sent to Woolwich, 12th June 1721.
Dimensions.
Length at the Range of the Deck ft ins 60.0
Breadth 19.2
Depth 8.3
Draught of Water Abaft 7.6
Afore 6.9
Tunns 90½
CURATOR
Reg. No. 6786
SHIP OR SUBJECT SWIFT
Box 54
ADMIRALTY WHITEHALL
ZAZ4853
12
11
9
6
3

I
H
F
I
H
C
F

埃迪斯通灯塔

The Eddystone Lighthouse

绘画：艾萨克·塞尔梅克（约 1708 年）

18 世纪早期的一个特征是灯塔设计有了长足进步，到 18 世纪 50 年代，不列颠沿海的灯塔数量有了惊人的增长。灯塔概念古已有之，早期灯塔全部建在陆地上，但埃迪斯通灯塔（Eddystone Lighthouse）却是建在普利茅斯西南 14 海里的一块陡峭的花岗岩礁上。这幅荷兰画家艾萨克·塞尔梅克（Isaac Sailmaker）的作品显示了在埃迪斯通礁石上建起了第二座，也是最常被人们忽略的一座灯塔。第一座是外形奇特的木结构建筑，由脾气古怪的发明家亨利·温斯坦利（Henry Winstanley）建造，1698 年被首次点亮，在 1703 年的大风暴中损毁。第三座灯塔于 1759 年开始使用，被誉为首座真正成功建在海岸外的灯塔，1882 年被拆除。

图中这座灯塔屹立于 1709 到 1755 年，长达 46 年之久。最令人称奇之处是：它由木头制成。画中看到的光滑线条和浅色区域显示它似乎是石头或水泥结构，但实际上，第二座埃迪斯通灯塔是由木头和花岗岩复合框架，围绕在一根 61 英尺高的中央木杆上建成，外表覆盖板材，如船体一般用沥青填缝、覆盖，再刷上白漆。这个时期为灯塔提供灯源的是一只内置 24 支蜡烛的灯笼，后来正是这只灯笼失火烧毁了整座灯塔。画中 4 艘战舰是建造过程中的运输船，远处的旗帜代表为灯塔项目提供资金的国家。请注意看灯塔底部固定灯塔的是嵌入岩石的铁栓，塔顶平台上有人正拿着望远镜观望。前景中，人员和物资正准备在峭壁登陆，这个场面有力地展示出海岸线外的灯塔建设者面临着多大的挑战。

◂上页图

占领波托韦洛[6]（1739 年 11 月 21 日）

The Capture of Puerto Bello

绘画：塞缪尔·斯科特（1740 年）

时隔不久，海军再次成为战争工具。1739 年，英格兰海员与西班牙海岸卫兵发生冲突，后者此时正为已打上腐败烙印的、变了味的南美和加勒比海贸易保驾护航。尽管只了解到部分真相，但英国民众被西班牙的暴行激怒，开始向无意发动战争的政府施加压力，要求开战。英国政府首先做出决定，海军将对西班牙的美洲殖民地发动一次决定性打击，海军中将爱德华·弗农被选中指挥这次远征。弗农确信，一次海上奇袭策略要优于代价昂贵的长期围攻。他选择富有的小镇波托韦洛为目标，这座设防城镇位于今巴拿马境内。这幅画表现了弗农的袭击并且非常准确地绘出了当地地形的鸟瞰图。波托韦洛港宽 1 英里，长 2 英里，构成一个独特的 U 形港湾。这是一座安全的优良港口，西班牙人精心选择它作为财富集散地，来自美洲智利、秘鲁、哥伦比亚和厄瓜多尔等地的财富在此集中，甚至来自太平洋的财富也通过巴拿马地峡，由骡队运输到波托韦洛，再经大西洋运回西班牙。港口由北岸的费罗要塞（Castillo de Ferro，又称“铁堡”）守卫着，画中弗农正用他的旗舰“伯福德”号（*Burford*）攻击要塞。波托韦洛城镇位于港湾深处，由另一座城堡守卫着，它正在向英舰开炮。

弗农用小型中队发动两栖攻击的战略思想获得巨大成功。只有 6 条船守卫的波托韦洛在 24 小时内投降。弗农一战成名。然而，没有人认为他的成功是基于正确的战略应用，反而普遍认为西班牙在西印度群岛（West Indies）的势力已经衰落。这种看法其实毫无根据。袭击波托韦洛后不久，英国政府命令全面进攻卡塔赫纳，战役最终以英国损失 50 艘战舰和约 1.8 万人后撤回而结束，这些人大部分死于疾病。

皇家海军“百夫长”号俘获“科瓦东加圣母”号（1743 年 6 月 20 日）

The Capture of *Nuestra Señora de Covadonga* by HMS *Centurion*

绘画：塞缪尔·斯科特（约 1743 年）

加勒比海战场只是英国在这次战争中海上战略的一部分。就在弗农袭击巴拿马地峡时，一次由乔治·安森指挥的针对西班牙太平洋利益的攻击也在计划，袭击的重点是南美洲沿海和巴拿马西海岸。这次远征还将追捕一艘马尼拉（Manila）盖伦帆船，它是一条西班牙珍宝船，每年往返于菲律宾和墨西哥之间，将墨西哥白银运到东亚，再运回香料、丝绸、珠宝和其他异国货物。和弗农最初攻击波托韦洛大获成功的部队一样，安森率领的也是一支小型舰队，为的是能够在长途航行中实现自给自足。但现实却是残酷的，在战争压力下，招收远征人员非常困难。海员供应倒充足，但至关重要的登陆兵力明显不够。最后，安森不得不从切尔西皇家医院和原先仅限于在卫戍部队中服役的伤残军人和退役士兵中招募，才勉强凑足了人数。在与南大西洋风暴连续搏斗 3 个月后，安森绕过合恩角，此时他已损失了 6 艘船中的 3 艘，还有三分之二的人员死于坏血病。所有伤残和切尔西的退役老兵都死去了，其中许多甚至死在安森抵达合恩角之前。

安森和一些人撑过了太平洋航程，但他的重要军事目标，“进攻美洲西班牙殖民地的大城市；鼓动叛乱反抗西班牙的统治；向不列颠商人开放该地区”等，都成了泡影。他袭击了派塔（Paita），那里曾是西班牙在秘鲁的首府，但现在只是一个小港口，所以英军获利甚微。他的船队垂头丧气，穿过北太平洋，驶向中国，一路又经历了更多的艰难险阻。到达中国时，仅存 3 艘船中的 2 艘也沉没了，他的舰队只剩下孤零零 1 艘船——

背景链接

合恩角
（Cape Horn）

智利南部合恩岛上的陡峭南角，位于南美洲最南端，以1616年成功绕过海角的荷兰航海家斯豪滕（Willem Cornelis Schouten，1580—1625）的家乡合恩命名。这里风暴异常、海水冰冷，是世界上海况最恶劣的航道之一，有“海上坟场”之称。历史上有500多艘船在此沉没，两万余人葬身海底。

“百夫长”号。1741年12月，能够在船上工作的水手仅剩下45人，其余人则“得了坏血病，又疯又傻”，安森在日志中如是写道。但不久的将来会有一份大奖为他这次九死一生的远征画上句号。他在澳门休整了很长时间，补充了船员，大部分是印度水手（Lascar）和荷兰海员，还有27名见习海员。1743年4月，安森驾船出海，寻找那艘马尼拉盖伦帆船。他在太平洋各岛屿花费了许多时间，总算得到大量详细情报，了解到盖伦船会在何时到达何地。虽然“百夫长”号人手不足，而且许多是没有经验的船员和实习生，但与西班牙盖伦船“科瓦东加圣母”号相比，它依然是一艘强大的战舰，而西班牙船从来没遇到过战况。这幅画中，两艘船都绘在三描岛（Island of Samar）的阴影中。船体较小但是火力强大的“百夫长”号在画面左边。西班牙盖伦船精心雕刻的硕大船尾尤为引人注目。最终安森掳获“圣母”号，在船上发现1313843枚八里亚尔币和35682盎司粗银。当安森回国后，这些财富在伦敦的大街上被游行展示。

土伦海战（1744 年）

The Battle of Toulon

雕版：詹姆斯 · 梅因（1745 年）

在这场味同嚼蜡的战争中，英国皇家海军没有取得什么像样的胜利，而俘获马尼拉盖伦船则成为其中的一个亮点。英国陆海军在内部纷争和政治内讧影响下四分五裂，而最能体现这个政治疏离时期特点的，莫过于 1744 年的土伦海战。

托马斯 · 马修斯（Thomas Mathews）率领英国舰队一直在土伦封锁法国—西班牙联合舰队。但马修斯此前还不确知，法国已经与西班牙在这场战争中联合起来，而且决定联合打他个措手不及。他们发动了一次以锚泊中的马修斯为目标的袭击，但后者及时得到了预警。于是，双方舰队摆好队形，正式开战。当晚，马修斯冲向敌人，而他的副指挥官理查德 · 莱斯托克（Richard Lestock）却逐渐落在后面，离他越来越远。莱斯托克无法在夜色中赶上他的指挥官，于是抛锚泊船，第二天上午，他也没有尽全力追赶。马修斯却独自冲向敌人，支援他的只有他自己的一支分舰队。几艘英舰与庞大的法西联合舰队展开了英勇的战斗。面对压倒性优势的敌人，一位叫爱德华 · 霍克的年轻人勇敢好斗，尤为突出，他日后成为了帆船时代最伟大的海军上将之一。然而，他们无法对敌人构成真正的威胁，缺少了莱斯托克的舰队，马修斯没有足够的战舰与敌军匹敌，只好撤出战斗。两位指挥官回到英格兰，一起接受了军法审判。最终，马修斯被判有罪，莱斯托克却无罪开释，这个判决也成为司法腐败空前绝后的案例。注意观察，在这幅战役示意图中，莱斯托克的中队已经远远落在所有人的后面。

The Situation of the ENGLISH, FRENCH and SPANISH FLEETS, when they begun the Engagement

The English *Commanded by Admiral* Mathews, *Vice Adm*ᴸ. Lestock *and Rear Adm*ᴸ.

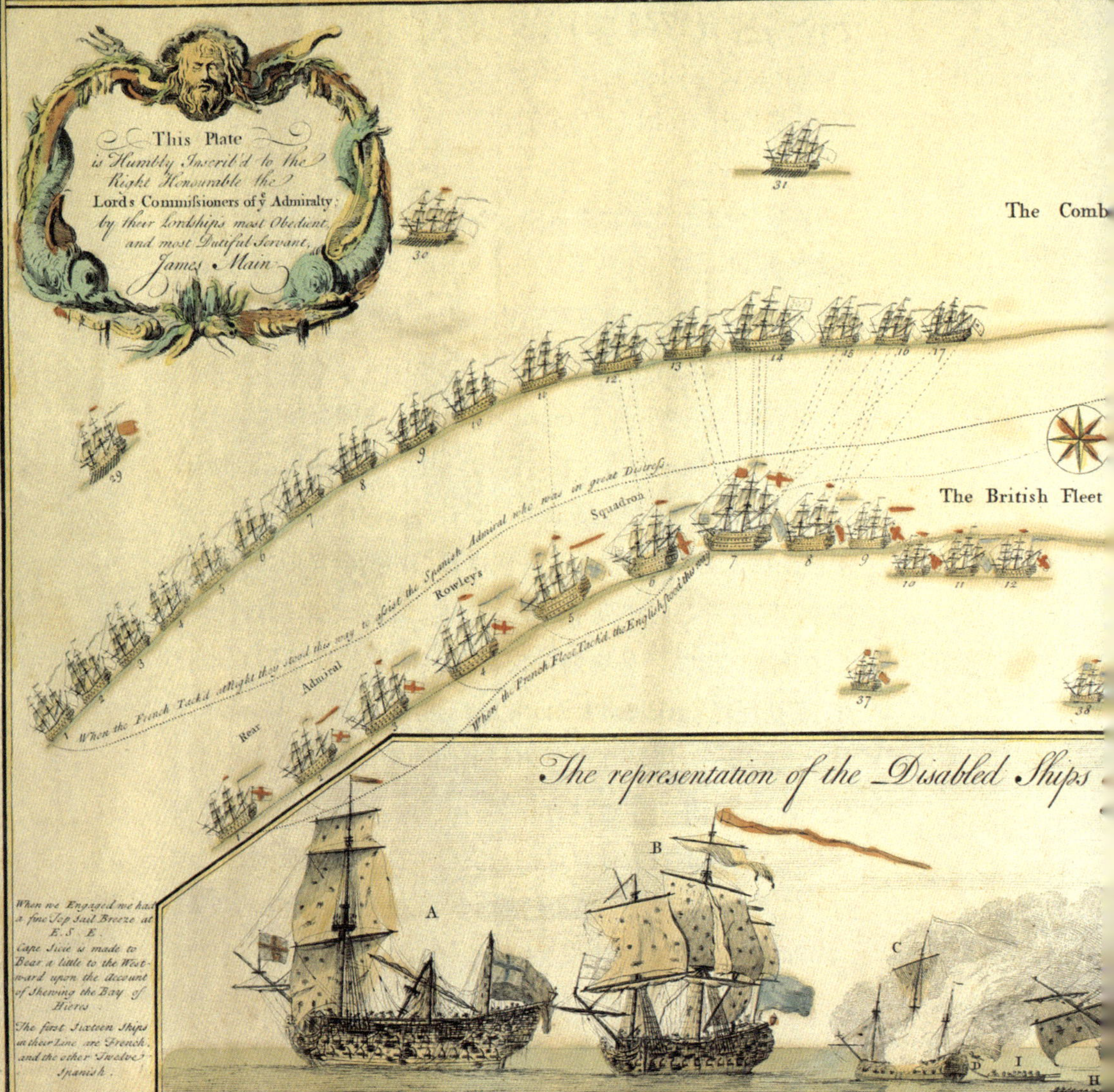

English Line of Battle.

The Revenge to Lead with ye Starboard & ye Sterling Castle with ye Larboard Tacks aboard.

Division		Ships	Comanders	Guns	Men		Ships	Comanders	Guns	Men
Rear Admᴸ. Rowley	1	Sterling Castle	Cooper	70	480		Vice Admᴸ. Lestock			
	2	Warwick	West	60	400	24	Dunkirk	Purvis	60	400
	3	Chatham	Hughes	50	300	25	Cambridge	Drummond	80	600
	4	Nassau	Lloyd	70	480	26	Neptune	Lestock / Stepney	90	770
	5	Chichester	Dilk	80	600	27	Torbay	Gascoign	80	600
	6	Boyne	Frogmore			28	Russel	Long	80	600
	7	Barfleur	Rowley / d'L'Angle	90	765	29	Buckingham	Towry		
	8	Prinᶜˢ Caroline	Osborn	80	600	30	Elizabeth	Lingen	70	480
	9	Berwick	Hawke	70	480	31	Revenge	Berkeley		
	10	Guernsey	Cornish	50	300	32	Romney	Godshal		
	11	Kingston	Lovett	60	400	33	Oxford	Pawlet	50	300
Admiral Mathews	12	Salisbury	Osborn	50	300	34	Mercury Fire Ship	Pedel	8	45
	13	Bedford	H.G.Townshend	70	480	35	Feversham	Watkins	44	250
	14	Dragon	Watson	60	400	36	Nonsuch	Strange	50	300
	15	Somerset	Sclater	80	600	37	Diamond to repeat Signals	Hodsdel	40	250
	16	Princessa	Pett	70	450	38	Dursley Do.	Vanburgh	22	130
	17	Norfolk	H.J.Forbes	80	600	39	Winchelsea Do.	Marsh	22	130
	18	Namure	Mathews / Russel	90	780	40	Ann Galley Fire Ship	Mackey	8	45
	19	Marlborough	Cornwall	90	750	41	Enterprize Barco Longo	Fleming	8	60
	20	Dorsetshire	Burrish	80	600	42	Sutherland Hospitᴸ. Ship	Lord Colvil	18	75
						43	A Tender			
	21	Essex	Norris	70	480	44	Do.			
	22	Rupert	Ambrose	60	400	45	A Victualler			
	23	Royal Oak	Williams	70	480	46	Do.			
								Total	2330	18020

James Main Delin. W.H. Toms Sculp.

Admiral Mathews in the Namure, after consulting with Captᴺ. Cornwall of the M
both bore down upon the Spanish Admiral about One a Clock, the Namure on her B
Marlborough on her Weather Quarter, and began the Engagement.
At the same time the Norfolk bore down upon the Constant (the Spanish Admi
and in an Hour and a Quarter beat her out of the Line, upon which the Royal
a Stern fired her fore Chase Guns at her to make her come back, but she run to
and never more returnd.
About two a Clock Rear Admiral Rowley came pretty near the French A
lay sometime without Action; but at last upon his Firing at the Van of the
the French Admiral pour'd a Broadside in upon him, which he returnd; and
Caroline coming to his Assistance, they together bore the Fire of four French
Spanish Ships till the French Admiral and his Seconds bore away. After
and Marlborough had silenced the Firing of the Royal Philip, he orde
Ann Galley Fire Ship to go down and Burn her, but by some Accident or other
up within thirty yards of the Spanish Admirals Weather Quarter without
Execution. However this unlucky accident gave new Spirits to the Enemy
Royal Philip, now recover'd from the Consternation She was in, employ'd
head and a Stern to take up her Men that had leap'd into the Sea to avoid
Conflagration they every moment expected.
The Ships a head of Admiral Mathews Engaged those a head of
Philip; and the Poder a Spanish Ship of 64 guns Struck to the Berwick, a
ged with the Princessa, Somerset, Bedford, and Kingston, and was boarde
claiming the Honour of taking her; but the Capt. pointing out the Shi
he had submitted, deliver'd his Sword to the Lieutenant of the Berwick.
French Fleet Tacking to assist the Spanish Admiral, the Berwick had no
than to take the Captᴺ. and four of the principal Officers out of her, leaving his Lieu
twenty three Men behind, but the French doubling so fast retook the Ship & after takin
abandon'd her in the Night & next Evening, Admᴸ. Mathews sent ye Essex to Burn her, & she ble
At which time the Enemy were got about four Leagues to Leeward having bore away in the Night

RANEAN, on the Eleventh of Feb.y 174¾. Cape Sicie bearing then N.N.E. & from the Center of the Fleet about Ten Leagues.

n *by Mons.r* De Court *and* Gabaret, *and the* Spanish *by* Don Juan Joseppo Navarro.

ough in the Condition she was in when the S.t Isabella left her to Sink, the Ann Fire Ship
Mizen Masts gone, with her Ensign Nail'd to the Stump of the Mizen Mast, she had 43 Men
unded; amongst the first was Cap.t Cornwall of the Marlborough, & Cap.t Godfrey of the
ongst the latter was Lieutenant Cornwall who lost his right Arm: Night coming on
ed to the care of the Salisbury, & Feversham, & next Morning was sent to Mahone.
ion of the Oxford
, in the Condition she was in at the Second or third Broad Side from ye Poder: she was oblig'd to go
having her fore Top Gallant Mast gone her Main Stay Cut & her Main Top Sail split
o foot
tion of the Ann Galley Fire Ship when she blew up, being within 30 Yards of the Spanish
ther Quarter, & within Musket Shot of the Namure and Marlborough
n throwing himself of the Tafferel, & was taken up by the Long Boat; the Cap.t Lieutenant,
ith four Men Perish'd in the Flames.
ilip in the Condition she was in when Day light parted us, her Rigging in a Shatterd
Top Mast on End, her Main Yard on the Deck, & her Top Sail Yards in their Slings, not a Sail
but a Sprit Sail which she bore away with all Night in Tow of another Ship.
Men Kill'd and 262 Wounded.
, when She was beat out of the Line by the Norfolk, her fore Top Gallant Mast gone,
g in a Shatter'd Condition; She had 25 Men Kill'd and 43 Wounded.
when She Struck to the Berwick, having neither a Mast on End, or a Yard a Cross.
h that the Spanish Admiral sent to
n Galley Fire Ship.
alleys Boat
Royal Philip's Boats taking up
t had leap'd into the Sea to avoid
up with her.
where the Ann Galley blew up

The Somerset Engaged Number 18 and 19, but they run from her and join'd the French. 20.21.22 & 23. Engaged those four Sail astern of the Spanish Admiral when they came up.

N.B. The Scale of Miles is only to shew the distance between Number 23 & 24 of the English Fleet: and between 24 and 25 of the Spanish.

The Dotted lines from Ship to Ship, is to represent those that Fought together.

French & Spanish Line of Battle.

Hercules to Lead with the Starboard & the Boree with ye Larboard Tack.

	Ships	Comanders	Guns	Men		Ships	Comanders	Guns	Men
1	Le Boree	Damaquart	64	650	23	S.t Isabella	Don Ignatio Dutabil	80	[illegible]
2	Toulouse	Drasture	60	600	24	El Sobiero	Don Juan Baley Castro	60	[illegible]
3	Duc d'Orleans	Douvez		800	25	S.t Ferdinando	Vel Conde de Vega Florid	64	[illegible]
4	L'Esperance	Gabaret	74	820	26	Brilliante	Blass de la Barrida	60	[illegible]
5	Le Trident	Caileux	64	650	27	Alcion	Joseph de la Renteria	58	[illegible]
6	L'Alcion	Laracasea	54	500	28	Hercules	Cosm Alvares	64	[illegible]
7	L'Aquilon	Vandoviel	48	500			Mons.r De Gladerves		
8	L'Eole	De Albert	64	650	29	Le Saphire	to attend Mon.r Gabaret	32	[illegible]
9	Le Furieux	Gravier	60	600			in the 3.d Post		
10	Le Serieux	Chelues	64	650			Mons.r De la Clochet		
11	Le Ferme	Desorquart	74	800	30	L'Atalante	to attend the French	32	[illegible]
12	Le Tigre	Saurin	50	550			Admiral		
13	Le Diamond	Marrilart	64	650			Chev.r De Beaumont		
14	Le Terrible	De Court	74	850	31	La Bolante	to attend D.o	24	[illegible]
15	Le S.t Esprit	Puison	74	800			to attend the Spanish		
16	Le Solide	Chateauneuf	64	650	32	A Tattan	Admiral	30	[illegible]
17	El Orient	Piacom Man.l de Vilena	60	600		The Combined Fleets had 4 more Frigates, but they bore away out of Sight as soon as we Engaged	Total		1954[illegible]
18	El America	Anibal Pettruche	60	600					
19	El Neptune	Henrico Oliveres	60	600					
20	El Poder	Roderigo Urrutia	60	600					
21	El Constant	Augustine Eturiago	70	750					
22	Royal Philip	Juan Joseppo Navarro	114	1350					

	Guns		Pounders	
The French of	74	Had on the Lower Deck	36	And on the Upper
and those of	60		24	
The Spanish above	60		24	
and those under	60		18	

744-5 according to Act of Parliament, & Sold by W. H. Toms Engraver in Union Court near Hatton Garden Holborn, & by the Printsellers of London & Westminster. Price Plain 2.s & 4.s Colour'd.

舱室中的船长乔治·格雷厄姆勋爵

Captain Lord George Graham in His Cabin

绘画：贺加斯（约 1745 年）

灾难性的土伦海战后不久，在一次不起眼的小冲突中，船长乔治·格雷厄姆勋爵袭击了一队法国私掠船，得到了许多战利品。虽然战斗本身无关痛痒，但格雷厄姆为庆祝胜利委托制作了这幅作品。因为这个无意之举而诞生的画作，却成为已知最早的描绘船长舱室内景的绘画作品之一。受托制作该画的艺术家是以创造力和恶作剧闻名的贺加斯（William Hogarth），1745 年时，年近半百的他在这两方面的水平都已达到巅峰。

这是典型的贺加斯作品，充满了对社会的讽刺，其中许多我们至今依然无法理解。1745 年格雷厄姆打败法国私掠船后得到提拔，开始指挥这艘巨大的 60 炮“诺丁汉”号（*Nottingham*），这是他舱室内的场景。画面光线来自舱室窗户，透过这些窗户，可以看到另一艘船的帆。格雷厄姆坐在一张铺着桌布的圆桌右边，正准备吃晚餐。一位黑人仆役站在他身后，吹着笛子、敲着小鼓。另外一位大概是歌手，站在格雷厄姆右边，手里拿着乐谱。

左下方潘趣酒大碗旁边那条狗，似乎正加入合唱；蹲坐在格雷厄姆左边椅子上的那条狗，则戴着应景的假发，夹着纸卷，看着另一张乐谱，舌头伸出嘴角，一派很享受的样子。据说，它是贺加斯的狗，叫作“王牌”（Trump）。画面左边的服务生端着一盘烤鸡，专注地看着画外，成为唯一与我们直接交流的人。他把肉汁洒在坐在他前面那位的脖颈上，竟然还能笑得如此镇定。甚至，桌布底下给人的感觉似乎有条鱼，它在那里的原因没人知道。

理查德·查德威克船长

Captain Richard Chadwick

绘画：乔治·纳普顿（1744 年）

画中的这位是理查德·查德威克船长，他的专业能力鲜为人知，因为他是个倒霉蛋，大凡他被派到的地方，那里与法国和西班牙的战争必定无聊透顶。然而，他却在历史上留下长久的印记，因为在 1744 年某个时候，他委托乔治·纳普顿（George Knapton）为自己画下了这幅优美的肖像，后者因为高超的丝绸绘画技巧而出名。画上的查德威克身着浅色丝衣，帽子和背心装饰着银色花边，与海员身份不相称的肥大袖口垂在臂下。显然这个时髦、富有的男人，通过服饰来展示出他的名望和社会地位。然而，值得注意的是，除了他过分明显地指向背景中的一条船之外，没有其他细节表明他是个海军军官。这是一幅重要图画作品，因为此时正式的海军制服尚未出现，不管是在岸上还是船上，还没有什么能够让人一眼看出某人是个英国皇家海军军官。直到 1746 年，英国海军军官们向海军部请愿，这个问题才得到重视。1748 年，英国海军的第一套制服样式发布。

英国皇家海军礼服衬衣（1748—1767 年）

Dress Waistcoat from Royal Naval Uniform Pattern

值得庆幸的是，为数不少这种海军初期制服的样式被保存了下来。图中这件是船长的上装，羊毛面料，金合金滚边。前襟和下摆的双排金饰边表明，它是有 3 年以上资历的船长穿的。从它最初的样子，并且从这幅图上也能明显看出，这件衣服曾经为了适应肩膀斜度不同的人而改过。穿在这件衣服外面的是双排扣灰色外套，由耐磨、保暖的羊毛制成，分成两款：“礼服”用于正式场合，“常服”用于日常穿着。礼服的裁剪依然极尽繁复，尤其是宽大、时髦的袖口，但常服却有一个传统海员的袖口，在袖子处裁剪得更窄、更短，这样双臂可以自由活动，操纵船舶，当然还有打仗。对海员而言，这种常服最为重要，因为他们都需要为自己的制服付款，这通常是他们唯一买得起的制服。因此，一般的情形是，一艘船全部副职军官把他们所有的钱聚在一起，合买一件正式礼服。

制服的采用是海军历史最重要的发展之一，有了制服，军官们才显得独特、团结和专业。但这只是表面现象，制服还用于掩盖军中不断的分裂和专业精神的缺乏。然而，这些问题想通过一件制服来消除是远远不够的。

◂上页图

从泰晤士河北岸看格林尼治海军医院

Greenwich Hospital from the North Bank of the Thames

绘画：卡纳莱托（约 1752 年）

虽然英国海军内部并不团结，但 1747 年对法国海军的两次决定性胜利，即第一次和第二次菲尼斯特雷海战，将土伦海战的阴霾一扫而光。安森和霍克分别赢得这两次战役，两人团结军心、鼓舞士气的能力为战列时代的有效指挥确立了先例，并一直延续到半个世纪后纳尔逊的成功。在建立这个至关重要的成功模式的同时，保持海军长期高水平运行的管理和物质基础设施也在逐步被建成。在表现不惜工本的基础设施投入方面，没有比这幅画中所描绘的格林尼治海军医院更具代表性了。该医院建成于 1751 年，由设计过圣保罗大教堂（St. Paul's Cathedral）的克里斯托弗·雷恩爵士（Sir Christopher Wren）设计。这幅画对建筑物的描绘绝大部分非常准确，甚至连画面最左边、5 英尺小道（Five-Foot Walk）另一端的医院吊车，以及背景中山上的皇家天文台（Royal Observatory）这样的细节都被画了出来。然而，前景则不是那么准确，比起泰晤士河来，它更像威尼斯大运河[7]，但这并非巧合：这幅作品的作者卡纳莱托（Canaletto），其实就是威尼斯著名画家乔瓦尼·安东尼奥·卡纳尔（Giovanni Antonio Canal）。

不管怎么说，卡纳莱托选择这个主题，或受托制作这幅画，本身就意义重大。格林尼治医院是英国最壮观的建筑之一，它既非王宫，也不是大教堂，而是一座完全为皇家海军伤残人员服务的实用建筑。这所医院于 1694 年由玛丽女王创建，约 60 年后在乔治二世统治时期建成。无论是从感情上还是经济上而言，它都体现出了对海军建设的长期投入，这也使得大不列颠从竞争对手中脱颖而出。不到 10 年，它就成为卓越的世界海军强国，并将这个赫赫威名保持了一个半世纪之久。

小贴士

1 波旁（Bourbon），波旁家族是法兰西皇室的一支，自1589年亨利四世继承王位以后，波旁王朝一直统治法兰西，直到1848年整个王朝被推翻。该王朝在17世纪后期路易十四统治时达到巅峰，其皇室成员也曾当过西班牙的国王。

2 七年战争（Seven Year's War），发生于1754—1763年，而主要冲突则集中于1756—1763年的7年时间里，因而得名。这场战争由欧洲列强之间的对抗所驱动，当时欧洲的主要强国均参加了这场战争，在欧洲、北美洲、中美洲、西非海岸、印度、菲律宾等广大地域争夺殖民地和领土。1763年，法兰西王国、西班牙帝国与大英帝国签订的《巴黎和约》，以及萨克森、奥地利帝国与普鲁士王国签订的《胡贝尔图斯堡和约》共同标志着战争的结束。

3 卡塔赫纳，此处拼写为Carthagena，后文也拼写为Cartagena。哥伦比亚港口城市，16世纪中期为西班牙殖民者掠夺南美金银财富的转运港和奴隶市场。

4 Sloop原指单桅纵帆船，只有一根桅杆，单独一个前桅支索帆。因其速度往往快于许多其他小船，又称作单桅快船。此类船只装配火炮作为战斗用途时，称为“单桅纵帆炮舰”，是18—19世纪西方海军的一种战舰。按照英国皇家海军当时的分级系统，任何载有20门或20门以下舰炮的船只，都是小型风帆战船，即轻型舰。

5 斯诺帆船（snow 或 snaw），一种双桅方帆的双桅横帆船（brig）。

6 波托韦洛（Puerto Bello），是巴拿马科隆省的一个港口城市，位于巴拿马地峡的北部、加勒比海西南部。传说是哥伦布最初给该港命名，意为“美丽的港口”，原著中还有Porto Bello、Protobello等拼写形式，人们现多拼写为Portobelo。

7 威尼斯大运河（Grand Canal in Venice），是意大利威尼斯最重要的运河，也是威尼斯主要水上交通网络的一部分。大运河呈S型，穿过市中心，全长约3800米，宽30—90米，平均深度5米。该大运河两岸有179多座建筑，大部分建于13—18世纪，展现出当时威尼斯共和国的繁华和艺术水准。

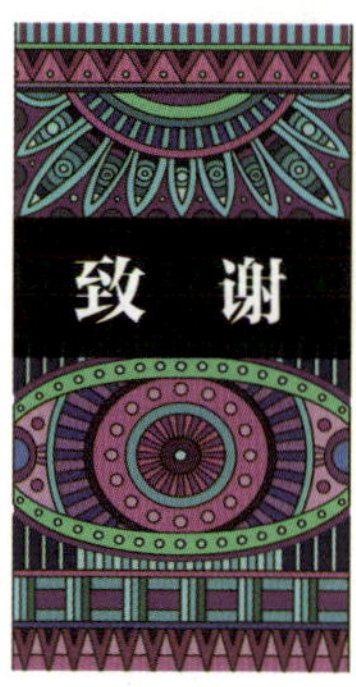

许多人以不同方式为本书的出版提供了帮助。为此，我要特别感谢 Bill Murray、Ronald Bockius、Doug McCarthy、Emma Strouts、Nicholas Rodger、Jon Adams、Kester Keighley、Dominic Fontana，以及为我通读初稿的祖父德里克·威利斯海军中校（Commander Derek Willis）。

a scaloccio 一桨多人

Abd el-Ouahed ben Messaoud 阿布德·瓦赫德

Acre 阿卡（地名）

Acropolis of Lindos 林佐斯卫城

Adams, Robert 罗伯特·亚当

Admiralty （英国）海军部

Adriatic Sea 亚得里亚海

Alexander IV, Pope 教皇亚历山大四世

Alexander VI, Pope 教皇亚历山大六世

Alexandria 亚历山大（地名）

Alexander the Great 亚历山大大帝

Alfonso of Aragon 阿方索（阿拉贡、西西里、那不勒斯国王）

Algiers 阿尔及尔

Ali, Kemal 凯末尔·阿里

Alicante 阿利坎特

alla zenzile 一桨一人

Al-Munastir 莫纳斯提尔

Amalfi 阿马尔菲

Anglo-French Wars 英法战争（约1688—1750年）

Anglo-Saxon Chronicle 《盎格鲁—撒克逊编年史》

Anglo-Saxons 盎格鲁—撒克逊人

Anglo-Spanish War 英西战争（1625—1630年）

Anglo-Spanish War 英西战争（约1585—1608年）

Anna, Maria (Spain) 玛丽亚·安娜（西班牙）

Anne of Denmark 丹麦的安妮

Anne, Queen 安妮女王

Anson, George, Admiral 海军上将乔治·安森

Anson, Lord Edward, Admiral 海军上将爱德华·安森男爵

Anthony Roll 《安东尼画卷》

Antigonos III Doson 安提柯三世（马其顿国王）

Antiochos III of Syria 安条克三世（塞琉西帝国国王）

Apollo 阿波罗
Aratus 阿拉托斯
Archbishop's Palace, Palestrina 帕莱斯特里纳大主教官邸
Ardres 阿德尔（法国）
Argo “阿尔戈”号
Argonauts “阿尔戈”号众英雄
Argo constellation 南船座
Ark Royal “皇家方舟”号
Ashley, Anthony 安东尼·阿什利
Ashmolean Museum, Oxford 牛津市阿什莫林博物馆
Ashurbanipal 亚述巴尼拔
Athlit ram 阿斯利特撞角
Atocha “阿托查”号
Azores 亚速尔群岛
Aztec 阿兹特克人

Bacon, Sir Francis 弗朗西斯·培根爵士
Baker, James 詹姆斯·贝克
Baker, Matthew 马修·贝克
Balkans 巴尔干地区
Barbarossa (Kheir-ed-Din) 巴巴罗萨（海雷丁）
Barbary 巴巴里
Barents Sea 巴伦支海
Barfleur 巴夫勒尔港
Basire, James 詹姆斯·巴西尔
Batayle, John 约翰·巴泰尔
Battle of Agincourt 阿金库尔战役（1415年）
Battle of Barfleur–La Hogue 巴夫勒尔—拉乌格海战（1692年）
Battle of Beachy Head 比奇角海战（1690年）
Battle of Cape Passaro 帕塞罗角海战（1718年）
Battle of Cartagena 卡塔赫纳海战（1741年）
Battle of Diu 第乌海战（1509年）
Battle of Episkopi 埃皮斯科皮海战（1323年）
Battle of Finisterre (First and Second) 第一次和第二次菲尼斯特雷海战（1747年）
Battle of Gibraltar 直布罗陀海战（1607年）
Battle of Harfleur 阿夫勒尔海战（1416年）
Battle of Jutland 日德兰海战（1916年）
Battle of La Hogue 拉乌格海战（1692年）
Battle of Lepanto 勒班陀海战（1571年）
Battle of Lowestoft 洛斯托夫特海战（1665年）
Battle of Malaga 马拉加海战（1704年）
Battle of Naseby 内斯比战役（1645年）
Battle of Preveza 普雷韦扎海战（1538年）
Battle of Puerto Bello 波托韦洛海战（1739年）
Battle of Sandwich 桑威奇海战（1217年）
Battle of Scheveningen 斯海弗宁恩海战（1653年）
Battle of Sluys 斯鲁伊斯海战（1340年）
Battle of Solebay 索尔湾海战（1672年）
Battle of the Azores 亚速尔海战（1582年）
Battle of the Boyne 博伊奈战役（1690年）
Battle of the Solent 索伦特海战（1545年）
Battle of the Texel 泰瑟尔岛海战（1673年）
Battle of Toulon 土伦海战（1744年）
Battle of Trafalgar 特拉法尔加海战（1805年）
Battle of Zonchio 佐奇奥海战（1499年）
Bay of Episkopi 埃皮斯科皮湾
Bayeux Tapestry 贝叶挂毯
Bazán, Don Álvaro de 阿尔瓦罗·德巴桑
Beatriz, Infanta 阿特丽斯公主

Beauchamp, Richard de, 13th Earl of Warwick 第13代沃里克伯爵理查德·比彻姆
Beaufort Inlet 博福特湾
Bellamy, Sam 山姆·贝拉米
Benedict “幸运”号
Bérain, Jean, the Elder 老让·贝兰
Bibliothèque Nationale 巴黎国家图书馆
bireme 双层桨战船
Birgu 比尔古（马耳他）
Birka 比尔卡（瑞典）
Biscay 比斯开湾
Black Mountain “黑山”号
Blackbeard 黑胡子
Boisot, Admiral 布瓦索海军上将
Bol, Ferdinand 费迪南德·博尔
Book of Suleiman I 《苏莱曼一世传》
Bourbon 波旁（王朝）
Bouttats, J.B. 布塔
Boyne, HMS 皇家海军“博伊奈”号
Breda 布雷达市
Brest 布雷斯特
Bristol Channel 布里斯托尔海峡
Britannia “大不列颠”号
British Library 不列颠图书馆
British Museum 大英博物馆
Bronze Age 青铜器时代
Brown, John 约翰·布朗
Browne, Sir Anthony 安东尼·布朗爵士
Brueghel, Pieter, the Elder 老彼得·勃鲁盖尔
Bruges 布鲁日
Buckland Abbey, Devon 德文郡巴克兰庄园
Burford “伯福德”号
Byzantine 拜占庭
Cabral, Pedro Álvares 佩德罗·阿尔瓦雷斯·卡布拉尔
Cadiz 加的斯
Caesar, Gaius Julius 尤利乌斯·恺撒
Cagliari 卡利亚里
Calais 加来
Calais Roads 加来锚地
Calicut 卡利卡特
Caligula 卡利古拉（罗马帝国皇帝）
Canal, Giovanni Antonio 乔瓦尼·安东尼奥·卡纳尔
Canaries 加那利群岛
Canterbury 坎特伯雷
Cape Horn 合恩角
Cape Verde Islands 佛得角群岛
Capraia 卡普拉亚岛
Captain General of the Open Sea 西班牙远洋舰队总司令
Captain of the Guard 皇家禁卫军队长
caravel 卡拉维尔帆船
Caribbean 加勒比海（地区）
carrack 卡瑞克（帆）船
Carthage 迦太基
Castile 卡斯蒂利亚
Castillo de Ferro 费罗要塞
Centurion, HMS 皇家海军“百夫长”号
Chadwick, Richard 理查德·查德威克
Chambers, George, the Senior 老乔治·钱伯斯
Charles I 查理一世（英国国王）
Charles I of Anjou 安茹的查理一世（那不勒斯和西西里国王）
Charles II 查理二世（英国国王）
Charles III, Duke of Savoy 萨伏伊公爵查理三世

Charles the Bold 勇士查理
Charles V 查理五世（神圣罗马帝国皇帝）
Charles VI 查理六世（法国国王）
Charles VIII 查理八世（法国国王）
Chatham Dockyard 查塔姆海军船厂
Chelsea Pensioners 切尔西皇家医院
Cherbourg 达瑟堡
Chief Sea Governor of the Western Mediterranean 西地中海大总督
Chronica Majora 《大编年史》
Chronique d'Angleterre 《英格兰史》
Church of St. Petrus, Leiden 圣彼得勒斯教堂（莱顿）
Cicero, Marcus Tullius 西塞罗
Clifford, George, Earl of Cumberland 坎伯兰伯爵乔治·克利福德
Codex Aureus 《奥里斯法典》
cog 柯克（帆）船
Colbert, Jean-Baptiste 让–巴蒂斯特·柯尔贝尔
Columbus, Christopher 克里斯托弗·哥伦布
Constant Reformation “改革”号
Constant Warwick “忠诚的沃里克”号
Constantinople 君士坦丁堡
Cook, Captain James 詹姆斯·库克船长
Corfu 科孚岛
Corinth 科林斯
Corsica 科西嘉岛
Cortés, Hernán 埃尔南·科尔特斯
Corunna 科伦纳
Crete 克里特岛
Cromwell, Oliver 奥立弗·克伦威尔
Crucis, William à 威廉·克鲁西斯
Crusades 十字军东征
First Crusade 第一次十字军东征（1096—1099年）
Third Crusade 第三次十字军东征（1189—1192年）
Fourth Crusade 第四次十字军东征（1202—1204年）
Cuerdale Hoard 库尔谷宝藏

da Gama, Vasco 瓦斯科·达·伽马
Damme, Belgium 达默港（比利时）
Danti, Ignazio 伊尼亚齐奥·丹蒂
Dardanelles 达达尼尔海峡
de la Rose, Jean-Baptiste 让–巴蒂斯特·德拉罗斯
de Ruyter, Michiel 米希尔·德·勒伊特
Deptford 德特福德
Dodecanese 多德卡尼斯群岛
Dodman Point 多德曼角
Doge's Palace 总督宫
Doria, Andrea 安德烈亚·多里亚
Dover 多佛
Dragon, HMS 皇家海军“龙”号
Drake Manuscript 《德雷克手稿》
Drake, Sir Francis 弗朗西斯·德雷克爵士
Dreadnaught “无畏”号
dromon 德雷蒙战船（拜占庭）
Dryden, John 约翰·德莱顿
Ducal Palace 威尼斯公爵宫
ducat 达克特
Duke of Parma 帕尔马公爵
Duke of Tuscany 托斯卡纳公爵
Dunkirk 敦刻尔克
Dutch East India Company 荷兰东印度公司
Dutch Wars 荷兰战争

East India Company 东印度公司
Eddystone Lighthouse 埃迪斯通灯塔
Edward III 爱德华三世（英格兰国王）
Eertvelt, Andries Van 安利斯·范·厄特沃特
El Dorado 埃尔多拉多
El Mina 埃尔米纳
Elector 选帝侯
Elizabeth Bonaventure “伊丽莎白·博纳旺蒂尔”号
Elizabeth I 伊丽莎白一世（英国女王）
English Channel 英吉利海峡
English Civil War 英格兰内战
English Commonwealth 英格兰联邦
Escorial Palace, Madrid 埃斯科里亚尔宫（马德里）
Eustace (Black Monk) 尤斯塔斯（黑教士）
Exekias 埃克塞基亚斯

Fenner, Thomas 托马斯·芬纳
Ferdinand II of Aragon 费迪南德二世（西班牙国王）
Field of the Cloth of Gold 金衣场
fighting top 战斗桅楼
First Rate 一级战列舰
Firth of Forth 福斯湾
Fitzstephen, Stephen 史蒂芬·菲茨史蒂芬
Fitzstephen, Thomas 托马斯·菲茨史蒂芬
Five-Foot Walk 五英尺小道
Flanders, Flemish 佛兰德斯，佛兰芒人
Fort St. Angelo 圣安杰洛堡垒
Fort St. Elmo 圣艾莫堡垒
Foudroyant “震惊”号
Fragments of Ancient English Shipwrightry 《英国古代造船术断章》
Francis I 法兰西斯一世（法国国王）
Frankish 法兰克
frigate 护卫舰
Frobisher, Martin 马丁·弗罗比舍
Froissart, Jean 傅华萨
Froissart's Chronicles 《傅华萨闻见录》

galleass 加莱赛战舰
galleon 盖伦帆船
Galley Subtille “加莱叙布蒂耶”号
galley 加莱（帆）船
Gascar, Henri 亨利·加斯卡
Gaul 高卢
Genghis Khan 成吉思汗
Genoa 热那亚
George I 乔治一世（英国国王）
George II 乔治二世（英国国王）
George, St. 圣乔治
Giant's Causeway, Antrim 贾恩茨考斯韦角（安特里姆郡）
Gibraltar 直布罗陀
Girona “赫罗纳”号
Glorious Revolution 光荣革命（1688年）
Gokstad ship “科克斯塔”号
Golden Fleece 金羊毛
Golden Hind “金鹿”号
Golden Horn 金角湾
Golden Lion “金狮”号（英）
Gottorp Castle 戈托尔夫城堡
Gouden Leeuw “金狮”号（荷）
Governor of Algiers 阿尔及尔总督
Governor of the Spanish Netherlands 西属荷兰总督

Gozo 戈佐岛
Grace Dieu “神圣上帝”号
Graham, Lord George 乔治·格雷厄姆勋爵
Grand Canal in Venice 威尼斯大运河
Grand Harbour, Malta 马耳他大港
Great Age of Sail 大航海时代
Greek fire 希腊火
Greenwich Hospital 格林尼治海军医院
Gregory IX, Pope 教皇格列高利九世
Grenville, Sir Richard 理查德·格伦威尔爵士
Grimani, Antonio 安东尼奥·格里马尼
Guiana 圭亚那
Gulf Wars 海湾战争

Habsburg 哈布斯堡王朝
Hague 海牙
Haifa 海法
Hamble River 汉布尔河
Harold II 哈罗德二世（英国国王）
Harry Grace à Dieu “伟大哈里”号
Hatton, Sir Christopher 克里斯托弗·哈顿爵士
Hawke, Lord Edward, Admiral 海军上将爱德华·霍克侯爵
Hawkins, Sir John 约翰·霍金斯爵士
Hein, Piet 皮特·希恩
hemiola 黑米奥拉
Henry I 亨利一世（英国国王）
Henry V 亨利五世（英国国王）
Henry VI 亨利六世（英国国王）
Henry VII 亨利七世（英国国王）
Henry VIII 亨利八世（英国国王）
Henry, Prince 亨利王子（葡萄牙）
Herbert, Admiral 赫伯特海军上将
Hideyoshi, Toyotomo 丰臣秀吉
Hilliard, Nicholas 尼古拉斯·希利亚德
Hispaniola 伊斯帕尼奥拉岛（今海地）
Histoire Naturelle Des Indes 《新大陆自然历史》
Historia Maior 《大事记》
HMS 英国皇家海军
Hoby, Edward 爱德华·霍比
Hogarth, William 贺加斯
Hollar, Wenceslaus 文策斯劳斯·霍拉
Holy Land “圣地”
Holy League 神圣同盟
Hood, Samuel, Admiral 海军上将塞缪尔·胡德
Hopsonn, Thomas, Vice-Admiral 海军中将托马斯·霍普森
Howard, Charles, 1st Earl of Nottingham 诺丁汉伯爵查尔斯·霍华德
Howard, Lord Thomas, Earl of Suffolk 托马斯·霍华德男爵
Howe, Richard, Admiral 海军上将理查德·豪
Hubert de Burgh 休伯特·德伯格
Huguenot 胡格诺教派
Hundred Years' War 百年战争

Iberian 伊比利亚
Iliad 《伊利亚特》
illuminated manuscripts 泥金装饰手抄本
Incan 印加人
Inquisition 宗教裁判所
Isabella I of Castile 伊莎贝拉女王（西班牙）
Island of Rhodes 罗得岛
Island of Samar 三描岛
Isle of Wight 怀特岛

Jacobite 詹姆斯党人
James I 詹姆斯一世（英国国王）
James I of Aragon 阿拉贡的海梅一世（阿拉贡国王）
James II 詹姆斯二世（英国国王）
James, Duke of York 约克公爵詹姆斯
Jerusalem 耶路撒冷
Jones, John Paul 约翰・保罗・琼斯
Juan de Austria, Don 奥地利的唐胡安
junk 平底船

kamikaze 神风
Kidd, William 威廉・基德
Kingdom of Candia 干地亚王国
Knapton, George 乔治・纳普顿
Knights of St. John 圣约翰骑士团
Knights of St. Stephen 圣史蒂芬骑士团
Kublai Khan 忽必烈
Kunsthistorisches Museum, Vienna 维也纳艺术史博物馆
Kylix 基里克斯陶杯

La Goletta, Tunis 拉古莱特（突尼斯）
La Mancha 拉曼查
Langtoft, Piers 兰托夫特
Langtoft's Chronicle of England 《英格兰编年史》（兰托夫特著）
Layard, Sir Austen Henry 奥斯汀・亨利・莱亚德爵士
Lely, Sir Peter 彼得・莱利爵士
Leon 莱昂
Lepanto 勒班陀
Lestock, Richard 理查德・莱斯托克
Levant 黎凡特
Leyden 莱顿
Liberi, Pietro 彼得罗・利贝里
Library of Ashurbanipal 亚述巴尼拔图书馆
Liburnian 利布尼安（战舰）
Liguria 利古里亚
Lindos 林佐斯
Littleton, Sir Edward 爱德华・利特尔顿爵士
Livorno 里窝那
Livro das Armadas 《无敌舰队之书》
Locke, John 约翰・洛克
Loire 卢瓦尔河
longship （维京）长船
Lord Admiral of England 英格兰海军大臣
Louis XIV 路易十四（法国国王）
Louis XV 路易十五（法国国王）
Lundy Island 兰迪岛
Luttrell Psalter 《勒特雷尔圣诗集》
Lyédet, Loise 卢瓦塞・利耶德

al-Matraki, Nasuh 纳苏赫・马他契
Madrid Skylitzes 《马德里手稿》
Maghreb Nimcha 马格里布单刀
magnetic compass 磁罗经
Mahdia 马赫迪耶
Main, James 詹姆斯・梅因
Majorca 马略卡岛
Malaga 马拉加
Malta 马耳他
Mamluk 马穆鲁克
Manila 马尼拉
Manuel I 曼努埃尔一世（葡萄牙国王）
Marcello, Lorenzo 洛伦佐・马尔切洛
Margaret of York 约克的玛格丽特
Marsamuscetto Inlet 马萨姆塞特海湾（马

耳他）
Marseilles 马赛
Mary I 玛丽一世（英格兰女王）
Mary II 玛丽二世（英格兰女王）
Mary Rose “玛丽·罗斯”号
Mary, Princess Royal and Princess of Orange 皇室公主及奥兰治公主玛丽
Matanzas 马坦萨斯（古巴）
Mathews, Thomas 托马斯·马修斯
Matilda（Empress）马蒂尔达（皇后）
Mayan 玛雅人
Mayer, Auguste Étienne François 奥古斯特·艾蒂安·弗朗索瓦·马耶尔
Medina Sidonia, Duke of 西多尼亚公爵
Medinet Habu Temple 哈布城埃及神庙（底比斯）
Medway River 梅德韦河
Memória das Armadas 《无敌舰队回忆录》
Metropolitan Museum of Art 大都会艺术博物馆（纽约）
Michelangelo 米开朗基罗
Middle Ages 中世纪
Misenum 米塞努姆
Moko Shurai Ekotoba（*Mongol Invasions Scroll*）《蒙古袭来绘词》
Mombasa 蒙巴萨
Monck, Lieutenant-General George 乔治·蒙克中将
Moors 摩尔人
Moray Firth 马里湾
Morgan, Henry 亨利·摩根
Morosini, Francesco 弗朗切斯科·莫罗西尼
Mosul 摩苏尔（伊拉克）
Mulai Ismail 穆莱·伊斯梅尔（摩洛哥皇帝）
Musée du Louvre, Paris 巴黎卢浮宫
Museo Poldi Pezzoli, Milan 米兰波尔迪·佩佐利博物馆
Museo Storico Navale, Venice 威尼斯海军历史博物馆
Museu Nacional de Arte Antiga, Lisbon 里斯本国家古代艺术博物馆
Museum of the Villa Giulia, Rome 罗马朱利亚别墅博物馆
Mycenae 迈锡尼
Mytens, Daniel, the Elder 老丹尼尔·迈腾斯

Naples 那不勒斯
Napoleon III 拿破仑三世（法国皇帝）
Napoleon, Bonaparte 波拿巴·拿破仑
Napoleonic Wars 拿破仑战争
Narrow Seas 爱尔兰海
Naseby (later *Royal Charles*) “内斯比”号（即“皇家查理”号）
National Maritime Museum, Greenwich, London 伦敦格林尼治（英国）国家海事博物馆
National Maritime Museum, Haifa, Israel 以色列海法国家海事博物馆
National Trust 国家名胜古迹信托组织
Navarino 纳瓦里诺
navicula de venetiis 威尼斯舟形窝
Navigation Act 《航海法案》
Navy Board 海军委员会（英国）
Nelson, Horatio, 1st Viscount Nelson 纳尔逊子爵霍雷肖·纳尔逊
Neo-Assyrian 新亚述时期
Newton, Sir Isaac 艾萨克·牛顿爵士

Nieuport Banks 纽波特沙洲
Nike 胜利女神
Nile mosaic, Palestrina 帕莱斯特里纳的尼罗河镶嵌画
Nine Years War 九年战争（1688—1697年）
Nineveh 尼尼微（亚述）
Nonpareil “无敌”号
Nordenskjöld, Baron 巴龙·努登舍尔德
Nordic Seven Years War 北欧七年战争（1563—1570年）
Norman 诺曼人
Norman Conquest 诺曼征服
North Sea 北海
Northeast Passage 东北通道
Nottingham “诺丁汉”号
Nuestra Señora de Covadonga “科瓦东加圣母”号
Nuestra Señora de la Concepción “圣母”号
Nuestra Señora de Las Maravillas “奇迹圣母”号
Nydam ship 尼达姆船

Odyssey 《奥德赛》
Olympias “奥林匹娅丝”号
Order of the Golden Fleece 金羊毛勋章
Ordnance Office 军械部（英国）
Orinoco River 奥里诺科河
Oseberg ship “奥塞贝格”号
Oslo 奥斯陆
Ottoman empire 奥斯曼帝国
Outremer 海外国家
Ovid 奥维德

Paita 派塔
Palazzo Barberini, Rome 罗马巴贝里尼宫
Palazzo Colonna 科隆纳宫
Panama 巴拿马
Paris, Matthew 马修·帕里斯
Pasha, Ali 阿里·帕夏
Pasha, Daud 达乌德·帕夏
Patinir, Joachim 若阿基姆·帕蒂尼尔
Pelican “鹈鹕”号
Peloponnese 伯罗奔尼撒半岛
Penzance 彭赞斯（英格兰康沃尔郡）
Pepys, Samuel 塞缪尔·佩皮斯
Pepysian Library, Magdalene College 莫德林学院佩皮斯图书馆
Pett, Sir Peter 彼得·佩特爵士
Pevensey, East Sussex 佩文西（东苏塞克斯郡）
Phaenomena 《物象》
Philip II 腓力二世（西班牙国王）
Philip III 腓力三世（西班牙国王）
Philip IV 腓力四世（西班牙国王）
Philip VI 腓力六世（法国国王）
Phoenicia 腓尼基
Pictland 皮克特兰
Pierpont Morgan Library, New York 纽约摩根图书馆
Pius V, Pope 教皇庇护五世
Plymouth 普利茅斯
Pompeii 庞贝
Pope, Alexander 亚历山大·蒲柏
Port Majon 马翁港
Portland Bill 波特兰角
Portolan Chart 波多兰海图
Portsmouth 朴次茅斯
Potosí silver mine 波托西银矿（玻利维

亚）
Prince Royal “太子”号
Prince William II of Orange 奥兰治亲王威廉二世
Prince William III of the Netherlands 荷兰威廉三世亲王
Privy Council 枢密院（英国）
Procida 普罗奇达
Ptolemy V 托勒密五世
Ptolemy VI 托勒密六世
Puerto Bello 波托韦洛
Pythokritos of Rhodes 罗得岛的皮托克利托斯

quadrants 四分仪
Queen Anne's Revenge “安妮女王复仇”号
Queen's House 格林尼治皇后宫
Quilleboeuf Rock 基耶伯夫礁石（巴夫勒尔港附近）

Ralegh, Sir Walter 沃尔特·雷利爵士
Ramses III 拉美西斯三世（埃及法老）
Raymond of Peñafort 圣雷蒙德
Raynaud, M. 雷诺
Regent “摄政王”号
Reinel, Pedro 佩德罗·赖内尔
Reis, Turgut 图尔古特·雷斯
Repton, Derbyshire 雷普顿（德比郡）
Restoration 王政复辟（1660年）
Revenge “复仇”号
Rhodes 罗得岛
rhumb lines 恒向线
Ribble River 里布尔河
Richard I 理查一世（英国国王）
Rigaud, Hyacinthe 亚森特·里戈
Rijksmuseum, Amsterdam 阿姆斯特丹国立博物馆
Roanoke Island 罗阿诺克岛
Roberts, Bartholomew 巴塞洛缪·罗伯茨
Rochefort 罗什福尔
Rodney, George 乔治·罗德尼
Roman empire 罗马帝国
Roskilde Fjord 罗斯基勒湾
Rosselli, Francesco 弗朗西斯科·罗塞利
Royal Library, Stockholm 斯德哥尔摩皇家图书馆
Royal Louis “皇家路易”号
Royal Naval Museum, Portsmouth 朴次茅斯皇家海军博物馆
Royal Navy 皇家海军
Royal Observatory, Greenwich 格林尼治皇家天文台
Royal Prince “皇家亲王”号
Rules and Ordinances of the Armada 《无敌舰队规则条例》
Russell, Edward 爱德华·罗素
Rysbrack, John Michael 约翰·迈克尔·赖斯布雷克
Ryther, Augustine 奥古斯丁·赖瑟

Saga Siglar “传奇水手”号（复制船）
sailing warship 风帆战舰
Sailmaker, Isaac 艾萨克·塞尔梅克
Sala del Scrutinio 投票厅
Sala Regia, Vatican Palace 梵蒂冈教皇宫国王厅
Salee, Morocco 萨莱（摩洛哥）
Samothrace 萨莫色雷斯岛
samurai （日本）武士

Samuri 扎莫林

San Lorenzo “圣洛伦索”号

San Martin “圣马丁”号

San Mateo “圣马特奥”号

San Salvador “圣萨尔瓦多”号

Sanchez Coello, Alonso 阿隆索·桑切斯·科埃略

Sant'Anna “圣安娜”号

Santa Auta Altarpiece 圣奥塔祭坛画

Santa Catarina de Monte Sinai “西奈山的圣卡塔琳娜”号

Santa Cruz, Marquis of 圣克鲁斯侯爵

Santa Maria “圣玛丽亚”号

São Gabriel “圣加布里埃尔”号

Savoy 萨伏伊

Scheldt estuary 斯海尔德河河口

Schilling the Elder, Diebold 老迪博尔德·席林

Schooneveld 斯库内维尔德

Schouten, Willem Cornelis 斯豪滕

Sciberras peninsula 西贝拉斯半岛（今马耳他瓦莱塔半岛）

Scott, Samuel 塞缪尔·斯科特

Screen of the Southern Barbarians (Namban Byobu) 南蛮屏风

scuti 盾

Sea People 海上民族

Sea Stallion of Glendalough “格伦达洛的海上种马”号

Seignelay, Marquis de 塞涅勒侯爵

Selim the Grim 冷酷者谢里姆

Senglea 森格莱阿（马耳他）

Sennacherib Palace 辛那赫里布王宫（尼尼微）

Seven Year's War 七年战争（1756—1763年）

Sfaz 斯法克斯

Sheerness 希尔内斯要塞

Sheffield, Edmund, Earl of Mulgrave 谢菲尔德伯爵

Sicily 西西里岛

side-rudder 船侧舵

Silver Route 阿拉伯银路

Sixtus V, Pope 教皇西克斯图斯五世

Skuldelev 2 斯库勒莱乌2号

Skylitzes, John 约翰·斯基里泽斯

Slade, Sir Thomas 托马斯·斯莱德爵士

sloop 轻型舰

Soleil Royal “皇家太阳”号

Solent 索伦特海峡

Soper, William 威廉·索帕

Sousse 苏塞

Southsea Castle 绍斯西城堡

Sovereign “君主”号

Sovereign of the Seas “海上帝王”号

Spanish Armada 西班牙无敌舰队

Spanish dollar 西班牙银元

Spanish Main 西班牙美洲大陆

Spanish National Library, Madrid 西班牙国家图书馆（马德里）

Spanish Netherlands 西属荷兰

Spanish Royal Armouries, Madrid 西班牙皇室军械库（马德里）

Sparta 斯巴达

Spieghel der Zeevaerdt (*Mariner's Mirrour*) 《航海明镜》

Spithead 斯皮特黑德

Spragge, Sir Edward, Admiral 海军上将爱德华·斯普拉格爵士

St. Bartholomew's, Smithfield 巴多罗买教

堂（史密斯菲尔德）
St. Alban's Abbey, Hertfordshire 圣奥尔本斯修道院（赫特福德郡）
St. James' Day Fight 圣詹姆斯日战斗（1666年）
St. Paul's Cathedral 圣保罗大教堂
Staffordshire 斯塔福德郡
Stedelijk Museum de Lakenhal 莱顿市立布料博物馆
Stephen, King 史蒂芬（英国国王）
Straits of Malacca 马六甲海峡
Stuarts 斯图亚特王朝
Suleiman the Magnificent 苏莱曼大帝
Sutherland, William 威廉・萨瑟兰
Svalbard 斯瓦尔巴群岛
Swift, HMS 英国皇家海军"雨燕"号

Tagus 塔霍河
Tanegashima, Japan 种子岛（日本）
Tangier 丹吉尔
Teach, Edward (Blackbeard) 爱德华・蒂奇（黑胡子）
Teddesley Hall, Staffordshire 特德斯利大厅（斯塔福德郡）
Terceira, Azores 特尔赛拉岛（亚速尔群岛）
Terrible "恐怖"号
tetradrachm 四德拉克马银币
The Anthony Roll 《安东尼画卷》
The Beauchamp Pageant (*Warwick Roll*) 《比彻姆画卷》（亦称《沃里克手卷》）
The Berner Chronik 《伯尔尼编年史》
The Fall of Icarus 《伊卡洛斯的坠落》
The Journal Historique Du Bagne 《苦役犯监狱日志》
The Slave of Liberi 《利贝里的奴隶》
The Thames 泰晤士河
The Tower 伦敦塔
Thebes 底比斯
Tigris 底格里斯河
Tintoretto, J. R. 丁托列托
Tosa Magataka 土佐长隆
Tosa Nagaaki 土佐长岫
Toulon 土伦
Toulouse, Louis Alexandre de Bourbon, Comte de 图卢兹伯爵，波旁的路易・亚历山大
Tourville, Admiral 海军上将图维尔
Trajan's Column 图拉真凯旋柱
Treasure Fleets 西班牙珍宝船队
Treaty of Tordesillas 《托德西利亚斯条约》
trieres 三层桨座战船
trihemiolia 三层桨黑米奥拉
Trinidad 特立尼达岛
Trinitee Riall "特利尼特・里亚尔"号
Tripoli 的黎波里
Tromp, Cornelis 科内利斯・特龙普
Tromp, Maarten, Admiral 海军上将马尔滕・特龙普
Tudor 都铎王朝
Tunis 突尼斯
Turks 土耳其人
Tyrrhenian Sea 勒尼安海

Valentia Island 瓦伦西亚岛
van de Velde, Willem, the Elder 老威廉・范德维尔德
van de Velde, Willem, the Younger 小威廉・范德维尔德
van Heemskerck, Jacob, Admiral 雅各布・

范海姆斯凯克海军上将
van Wittel, Caspar 加斯帕·范维特尔
Vasari, Giorgio 乔治·瓦萨里
Vatican Obelisk 梵蒂冈方尖碑
Venice 威尼斯
Vermeyen, Jan Cornelisz 扬·科内利斯·佛梅因
Vernon, Edward, Vice-Admiral 海军中将爱德华·弗农
Vesuvius 维苏威火山
Vicentino, Andrea Michieli 安德烈亚·米基耶利·维琴蒂诺
Victory “胜利”号
Viking “维京”号（复制船）
Viking Ship Museum 维京船博物馆
Vikings 斯堪的纳维亚人，维京海盗
Villefranche 维勒弗朗什
Virginia colony 弗吉尼亚殖民地
Vivonne, Duke of 维沃讷公爵
Vroom, Hendrick Cornelisz 亨德里克·科内利斯·弗罗姆

Waggoner 瓦戈纳
Waghener, Lucas Janszoon 瓦赫纳尔
Walsingham, Francis 弗朗西斯·沃尔辛厄姆
War of the Spanish Succession 西班牙王位继承战争（1701—1714年）
Wavrin, Jean de 让·德瓦夫兰
West India Company 西印度公司
West Indies 西印度群岛
West Java 西爪哇岛
Western Approaches 英吉利海峡西航道
Westminster Abbey 威斯敏斯特教堂
White Bear “白熊”号
White Ship “白船”号
William I 威廉一世（英格兰国王）
William II of Orange, Prince 奥兰治威廉二世亲王
William III 威廉三世（英格兰国王）
William III, Duke of Normandy 诺曼底公爵威廉三世
William of Malmesbury 马姆斯伯里的威廉
Winged Victory of Samothrace 萨莫色雷斯的胜利女神像
Winstanley, Henry 亨利·温斯坦利
Woolwich Dockyard 伍利奇船厂
Wren, Sir Christopher 克里斯托弗·雷恩爵士

Xabregas convent 沙布雷加斯修道院

Zeeland 泽兰